U0643374

车桩网协同互动关键技术及应用

主　编　袁晓冬
副主编　李　群　甘海庆　阮文骏

CHEZHUANGWANG XIETONG HUDONG

GUANJIAN JISHU JI YINGYONG

中国电力出版社
CHINA ELECTRIC POWER PRESS

内 容 提 要

本书结合实际情况，对现有车桩网协同互动进行专题分析，并根据现场实际运行分析情况，验证理论分析的合理性与可行性。目前，现场运行实测数据较少，车桩网协同互动的实例较少，本书相关研究分析具有一定的综合性、代表性和前瞻性。

本书分为 8 章，内容包括车桩网协同互动技术概述、车桩网数据清洗技术、车桩网数据建模技术、车桩网多源数据融合的充电需求预测技术、车桩网协同的充电设施规划技术、车桩网协同的电网优化调控技术、车桩网协同的快充站运营技术、车桩网协同互动示范工程。

本书可供从事电动汽车、智慧城市等方向研究的工程技术人员阅读使用，也可作为大中专院校相关专业硕士生、博士生和教师的参考书。

图书在版编目（CIP）数据

车桩网协同互动关键技术及应用/袁晓冬主编. —北京：中国电力出版社，2023.9

ISBN 978-7-5198-8116-0

Ⅰ.①车… Ⅱ.①袁… Ⅲ.①电动汽车－充电－网络服务 Ⅳ.①U469.72

中国国家版本馆 CIP 数据核字（2023）第 172997 号

出版发行：中国电力出版社

地　　址：北京市东城区北京站西街 19 号（邮政编码 100005）

网　　址：http://www.cepp.sgcc.com.cn

责任编辑：马淑范

责任校对：黄　蓓　朱丽芳

装帧设计：张俊霞

责任印制：杨晓东

印　　刷：三河市航远印刷有限公司

版　　次：2023 年 9 月第一版

印　　次：2023 年 9 月北京第一次印刷

开　　本：710 毫米×1000 毫米　16 开本

印　　张：13.25

字　　数：170 千字

定　　价：88.00 元

本 书 编 委 会

　　近年来，电动汽车以其节能、减排、低碳、环保的巨大优势，成为汽车发展的新趋势。预计到 2030 年，我国电动汽车保有量将超过 8000 万辆，一方面，电动汽车出行过程中消耗电池中的电能，出行结束后需要借助充电桩接入电网充电，而通过改变不同站点的充电价格，可以引导电动汽车用户前往不同的站点充电，电动汽车成为电网的移动负荷；另一方面，电动汽车在接入电网过程中能够改变充电功率甚至向电网反馈电能，成为支撑电网运行的可调节资源。可见，电动汽车的发展将会给电网的稳定运行带来深刻影响。

　　充电基础设施是电动汽车产业健康快速发展的基础和保障，经过十多年的建设与推广，我国已建成全球充电设备数量最多、覆盖面积最大、服务车型最全的充电设施网络。截至 2023 年 6 月，我国已建设公共充电桩 214.9 万台，其中直流充电桩 90.8 万台、交流充电桩 124.0 万台，从 2022 年 7 月到 2023 年 6 月，月均新增公共充电桩约 5.2 万台。但相比未来电动汽车快速增长的趋势而言，电动汽车用户仍存在充电里程焦虑的问题，充电基础设施仍存在布局不够完善、结构不够合理、利用不够均衡、运营不够高效等问题，电网则逐渐暴露出局部区域配电网电能质量差、承载力不足的问题。

　　因此，为更好地支撑电动汽车产业的高速发展，需要未雨绸缪，开展电动汽车、充电桩、电网的多方统筹规划与运营管理，进一步构建高质量的充电基础设施体系，促进电动汽车消费和制造业发展，助力实现碳达峰碳中和目标。

　　本书从规模化电动汽车、充电基础设施、配电网统筹发展、协同运营的发展要求入手，从车桩网协同互动的规划方法、协调管控技术、高效运营策略、工程实践案例等方面展开，全面介绍了车桩网协同互动的关键技术及应用。第1章介绍了车桩网协同互动的基本概念、发展历史与典型应用场景，第2章介绍了车桩网多源数据融合下的充电行为溯因分析与充电需求预测方法，第3章介绍了车桩网协同建模与规划方法，第4章介绍了面向车桩网数据采集的数据分类、数据融合、数据清洗、异常数据检测与修正技术，第5章介绍了车桩网数据建模方法，第6章介绍了车桩网协同的电网优化调控技术，第7章介绍了车桩网协同的城市公共快充站运营技术，第8章介绍了国内外车桩网协同互动的示范应用案例及成效。

　　本书内容是编者团队以及国网江苏省电力有限公司在车桩网协同互动领域多年来科研成果的总结，本书在编写过程中，得到国家重点研发计划项目"高效协同充换电关键技术及装备"（2021YFB2501600）的大力支持，在此深表谢意。同时，也要感谢江苏省电机工程学会、江苏省动力及储能电池标准化技术委员会的大力支持，感谢江苏省电力试验研究院有限公司的出版资助。

　　希望通过本书，使广大读者对车桩网协同互动涉及的数据处理、预测规划、运营管控与工程实践有全面的了解，并期待得到同行的宝贵建议和意见，为下一步深化推广应用车桩网协同互动技术提供有益的帮助，共同推进我国电动汽车产业的高速发展。

　　由于编写时间仓促，编者水平有限，书中难免有疏漏和不足之处，恳请读者批评指正。

编　　者

2023 年 7 月

Contents
目　录

前言

第1章　车桩网协同互动技术概述 ················· 1

　1.1　基本概念与发展历史 ·················· 1

　1.2　典型应用场景 ·················· 7

　1.3　本章小结 ·················· 9

第2章　车桩网多源数据融合的充电需求预测
技术 ················· 10

　2.1　多源数据融合特征辨识与提取 ·················· 10

　2.2　充电行为溯因分析 ·················· 28

　2.3　充电需求预测方法 ·················· 32

　2.4　本章小结 ·················· 46

第3章　车桩网协同的充电设施规划技术 ············· 47

　3.1　车桩网协同建模方法 ·················· 48

　3.2　充电设施协同规划方法 ·················· 56

　3.3　充电设施多阶段规划方法 ·················· 68

　3.4　本章小结 ·················· 81

第4章　车桩网数据清洗技术 ················· 83

　4.1　车桩网数据分类 ·················· 83

　4.2　数据清洗技术 ·················· 89

4.3　异常数据检测与修正技术 ……………………………… 92

4.4　多源数据融合技术 …………………………………… 97

4.5　本章小结 ……………………………………………… 98

第 5 章　车桩网数据建模技术 ……………………… **99**

5.1　数据模型概念 ………………………………………… 99

5.2　数据建模技术 ………………………………………… 102

5.3　车桩网协同运行数据建模 …………………………… 109

5.4　本章小结 ……………………………………………… 116

第 6 章　车桩网协同的电网优化调控技术 …………… **117**

6.1　新型配电系统 ………………………………………… 118

6.2　电动汽车协同调度方法 ……………………………… 123

6.3　广义储能协同调度方法 ……………………………… 139

6.4　本章小结 ……………………………………………… 151

第 7 章　车桩网协同的城市公共快充站运营技术 … **153**

7.1　城市公共快充站运营框架 …………………………… 153

7.2　交通出行链仿真模型 ………………………………… 154

7.3　快充站运营价格优化模型 …………………………… 159

7.4　实证分析 ……………………………………………… 165

7.5　本章小结 ……………………………………………… 175

第 8 章　车桩网协同互动示范工程 …………………… **176**

8.1　国外车桩网协同互动示范应用 ……………………… 176

8.2　国内车桩网协同互动示范应用 ……………………… 187

8.3　本章小结 ……………………………………………… 201

第1章 车桩网协同互动技术概述

电动汽车和新能源发电行业的发展使得电网面临用电侧和发电侧的双重挑战，给电网的稳定经济运行带来巨大冲击，车桩网协同互动作为应对大量电动汽车充电负载的新的电网调控方式，目前已成为相关领域的研究热点。本章首先介绍车桩网互动的基本概念和发展历史，其次，对车桩网互动在公共充电、社区充电、高速公路充电和驻地充电等典型场景中的应用展开说明。

1.1 基本概念与发展历史

车桩网协同互动中的"车"主要指电动汽车，"桩"指服务于电动汽车的充电设备，"网"指供电网络。车桩网互动是将电动汽车、充电桩、电网融合协同，在满足用户充电需求的前提下，改变充电的时间、地点和功率，实现配电网下多桩协同充电、大电网下源荷互动，从而达到平缓用电峰谷、平抑新能源波动、提高清洁能源占比的电动汽车充电方式。

车桩网互动这一概念随着电动汽车的发展和可再生新能源发电量的增加应运而生。我国碳达峰碳中和的发展目标加速了汽车电动化的进程，促进了可再生新能源发电行业的迅速壮大。随着电动汽车负荷的增加和新能源发电比例的升高，电网的稳定性受到很大冲击，车桩网互动这一方式给电网的调控带来了新的方案。

我国 2017—2021 年新能源汽车和纯电动汽车保有量如图 1-1 所示，从图中可以看到，我国电动汽车保有量从 2017 年的 125 万辆增长到了 2021 年的 640 万辆，增长速度惊人。截至 2022 年 6 月底，全国新能源汽车保有量达 1001 万辆，占汽车总量的 3.23%，其中，纯电动汽车保有量 810.4 万辆，占新能源汽车总量的 80.93%。随着新能源汽车用电量的提高，巨大的电动汽车充电负荷对电网产生了正反两种影响。一方面，电动汽车的无序充电将增加电网调峰难度，影响电网的正常运行；另一方面，电动汽车作为柔性负荷，若能够有效利用其储能特性，将有助于减小电网负荷峰谷差、降低供电设施建设成本。

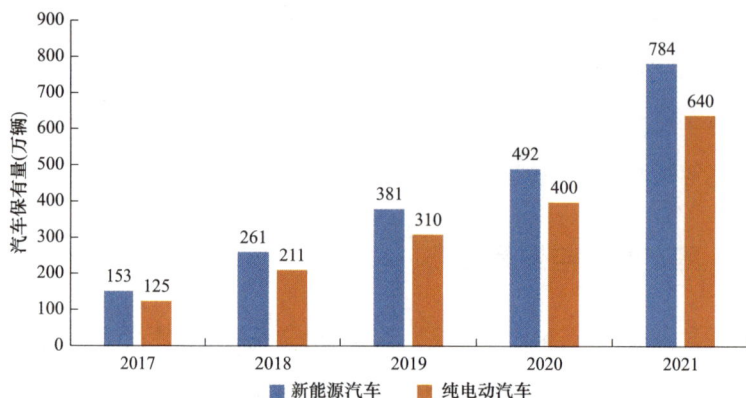

图 1-1　全国 2017—2021 年新能源汽车和纯电动汽车保有量

同时，我国近些年来的新能源发电总量不断上升，新增装机总量稳步增长。2022 年，全国风电、光伏发电新增装机达到 1.25 亿 kW，全年可再生能源新增装机 1.52 亿 kW，占全国新增发电装机的76.2%，已成为我国新增装机的主体。随着可再生新能源发电比例的增加，电网的转动惯量不断减小，给电网运行的稳定性带来了极大挑战，传统的单纯从发电侧对电网进行调节难以满足日益发展的电力系统需要。

面对日益增长的电动汽车数量和新能源发电量，传统的电力系统调节方式需要进行改变和创新。电动汽车具有停驶时间长、需求较宽松的特点，如果充分发挥电动汽车的充放电优势，对其充放电时间、功率进行调节控制，便可实现新能源消纳和能量有效存储，对解决电网负荷供需不平衡具有重要意义。

车桩网互动这一方式将会给电网、充电桩运营商和电动汽车用户三者带来正向收益，实现三方共赢。电网通过引入电动汽车作为潜在的储能单元，引导其在峰段放电，可以有效应对峰段电力负荷缺口，并能使其错峰充电，充分利用谷时电力。充电桩运营商可以连接电动汽车用户和电网，在其中间作为媒介传递电能，从中获取服务费用和电力差价。电动汽车用户在车桩网互动中可以利用闲置的电动汽车电池资源，在满足自身充电需求的情况下，降低充电成本，赚取电力差价。

车桩网互动的发展主要可以分为三个阶段：无序充电阶段、有序充电阶段和 V2G 阶段，下面分别就三个不同的阶段进行介绍。

1. 无序充电阶段

在无序充电中，电动汽车通过充电桩直接接入配电网获取电能。在此阶段，车桩网互动仅限于能量交互，并且能量的流动是单方向的，电动汽车作为一般负载从电网获取电能。

在无序充电环境中，电动汽车通过充电桩接入配电网获取电能，这种能量交互仅限于车辆与电网之间的单向充电过程，电动汽车并没有发挥其储能性质。大量的电动汽车无序充电将会导致电能质量下降、电气设备寿命降低以及电网运行的经济性降低等问题。从电能质量的角度来看，充电过程中电动汽车将会产生谐波污染，同时大规模充电负荷也可能导致电网电压的偏移。对于电力设备方面，大量电动汽车的接入将增加变压器和线路的负载，将会导致变压器寿命降低以及配电线路负荷超限的情况。在经济性方面，电动汽车的无序充电将会导致电网电能损失增加，降低电能利用效率。此外，电动汽车的接入还会导致电网需要进行扩容，将产生巨大的建设成本。

2. 有序充电阶段

在有序充电中，电网和充电桩运营商对电动汽车用户的充电行为进行引导，控制其充电时间和充电功率，使电动汽车充电负荷与电网的供电能力相匹配，其控制框架如图1-2所示。

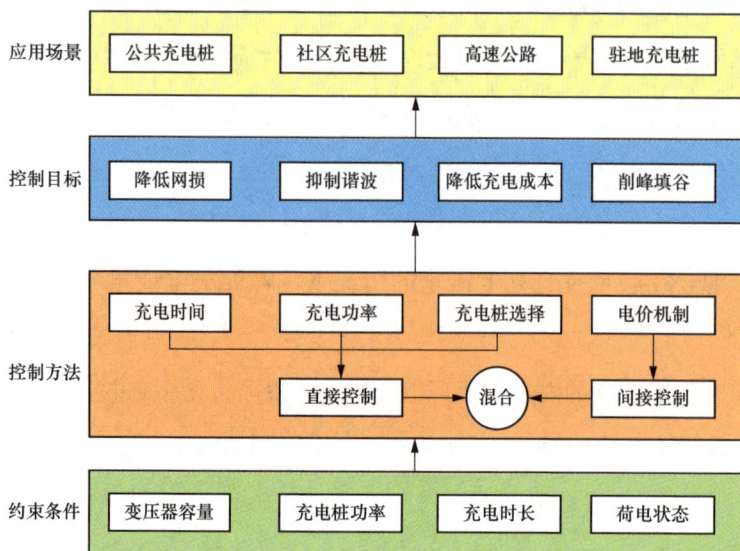

图1-2 有序充电控制框架

在这种充电方式中，电动汽车作为可控负荷，接受电网侧的调度。如电动汽车在充电站进行充电时，充电站对电动汽车的充放电进行调控，使其与电网负荷波动相适应，从而确保电网的安全运行。

有序充电对电动汽车的充放电调度可分为两种方式：直接控制和间接控制。

直接控制是指由充电桩和电网决定电动汽车的充电功率和充电时间。在此控制方式下，调动主体以电网运行状况和经济收益等作为目标，通过控制电动汽车的充电行为来达到自身总体利益的最大化。这一方式在实践中受到用户响应意愿的影响，往往难以具体实施。

间接控制是指充电桩和电网通过价格机制间接地对电动汽车充电负荷进行调控。此种方式将是否参与需求相应的权限交给了电动汽车用户，调度方需要充分考虑用户的意愿，利用价格机制鼓励用户参与到响应中。这种方式既照顾到了用户意愿，又使电网能够有效利用电动汽车的储能特性对电网运行进行调控。

3. V2G 阶段

在 V2G 模式中，电动汽车通过具有双向充放电功能的充电桩向电网传输电力，这时电动汽车不只是电力系统中的负载，也同时承担了电源的角色。

当电力需求较高时，电动汽车允许将存储在电池中的能量传输到电网；当电力需求较低或者可再生能源发电量较高时，电动汽车将增大充电功率。在此模式下，电动汽车的调节作用可以利用波动较大的可再生能源电力，减少化石燃料发电的需求，对节能减排、平衡电力负荷均有重要意义。

根据自然资源保护协会（NRDC）与国网能源研究院有限公司 2018 年发布的《电动汽车发展对配电网影响及效益分析》报告，目前车桩网互动方式可以分为五种不同的模式：价格引导模式、本地优化的智能充电模式、全网优化的智能充电模式、本地优化的智能充放电模式、全网优化的智能充放电模式。五种模式的主要内容、目的和实现的关键条件汇总在表 1-1 中。

表 1-1   五种不同的车桩网互动模式

车桩网互动模式	主要内容	目的	关键条件
价格引导模式	引导用户"低谷"充电	避开高峰负荷	分时电价政策
本地优化的智能充电模式	优化充电时序和功率	降低增容压力，充分利用谷电	1. 双向实时信息互动技术与标准 2. 变压器对充电桩控制调度机制和技术
全网优化的智能充电模式	优化充电时序和功率以及考虑清洁能源消纳和大电网稳定运行	提高系统调峰调频与吸纳清洁能源能力	1. "电源—大电网—配电网—桩—车"双向信息互动技术与标准 2. 电网对充电桩控制调度机制和技术 3. 大电网需求响应、辅助服务市场等保障机制
本地优化的智能充放电模式	优化本地充放电时序、功率和能量流向	增强本地优化能力、获取峰谷差价	1. 双向实时信息、能量流动技术与标准 2. 降低动力电池充放电损耗成本

车桩网互动模式	主要内容	目的	关键条件
全网优化的智能充放电模式	优化全网充放电时序、功率和能量流向	增强本地优化能力、最大化峰谷差价和参与辅助服务市场	1. "电源—大电网—配电网—桩—车"双向信息、能量互动技术与标准 2. 电网对充电桩控制调度机制和技术 3. 大电网需求响应、辅助服务市场等保障机制 4. 降低动力电池充放电损耗成本

价格引导模式主要是通过引入分时电价政策，使用户可以根据电价自主选择充电时间，通过此种方式引导用户在"低谷"时充电，以此避开高峰负荷。

本地优化的智能充电模式是根据小区配电台区的负荷状态和车的充电状态、自动优化车的充电时序和功率等。这种模式需要建立双向实时信息互动技术与标准和台变对充电桩控制调度的机制和技术手段，可以通过优化达到降低本地增容压力、充分利用谷电、提高设备利用效率的效果。

全网优化的智能充电模式是在本地智能充电模式的基础上，再考虑清洁能源消纳、大电网稳定运行等方面的需求。此模式需要建立"电源—大电网—配电网—桩—车"双向信息互动的技术与标准，并结合电网对充电桩控制调度的机制和技术手段，利用需求响应和辅助服务市场等保障机制，实现提高电力系统调峰调频与吸纳清洁能源的能力。

本地优化的智能充放电模式主要是指实现电动汽车对本地电网放电、自动优化本地充电桩的充放电时序、功率、流向等。此模式需要在本地优化的智能充电模式的基础上增加功率双向流动技术与标准，使得动力电池的充放电损耗成本低于参与本地互动的收益，此种方式可以通过电池放电增强本地优化能力，获取更高的峰谷差价收益。

全网优化的智能充放电模式是指实现电动汽车对大电网放电、自动优化全网充电桩的充放电时序、功率、流向。此模式与本地优化的智能充放电模式一样，需要功率双向流动技术和标准支持，相比于本地优化的智能充放电模式，还能够获取参与辅助服务市场的收益。

1.2　典型应用场景

国家电网有限公司发布的《中国新能源汽车充电数据应用分析》中指出，车桩网互动的典型应用场景主要可以分为公共充电场景、社区充电场景、高速公路充电场景和驻地充电场景等，在这些不同的场景下，电动汽车的充电需求并不相同，需要引入不同的能量优化管理策略，这 4 种车桩网互动场景的互动能力大小见表 1-2。

表 1-2　　　　　　　　4 种车桩网互动场景互动能力

车桩网互动场景	公共充电	社区充电	高速公路	驻地充电
可互动能力大小	较大	大	小	大

1. 公共充电场景

多数电动汽车用户将公共充电桩作为备用补充的补电方式，其主要用户群体为无桩的私家车和出租/网约车，充电时刻在 8～9 时、11～13 时和 18～19 时形成波峰。公共充电场景下，日间主要为出租车/网约车充电，其充电起始剩余电量多大于 40%，并且绝大部分充电时间在 1h 之内，用户存在明显的里程焦虑，这意味着日间对出租车/网约车的充电管理的调度空间较为有限，这部分用户仅希望通过公共充电桩快速获取电能，难以设置相关激励措施促使其参与到车桩网互动中。夜间充电桩主要以无桩私家车为主，此部分用户的充电停留时长往往会超过 8h，可以利用此特点在夜晚 18～21 时电网用电高峰期引导电动汽车进行放电，并在夜晚低谷时进行充电。

2. 社区充电场景

社区充电场景下主要以私家车为主，充电时刻主要集中在 17～24 时。社区充电场景下，电动汽车充电具备连续充电时间长、开始充电时刻与电网负载峰值时刻部分重合、充电时间多数处于用电谷时等特征，可调度空间大，允许设计相关激励措施引导用户参与到车桩网互动中。

3. 高速公路场景

高速公路场景下的充电站私人乘用车比例较高，其与公共充电场景下的波峰时间相似，主要不同点在于凌晨 1~3 时的充电比例要比公共充电场景下高。高速充电站场景下，电动汽车用户的充电行为表现为快速充满不停留，在此场景下充电的用户需求明确，要求快速补电，进行车桩网互动的潜力不大，能量管理的优化空间有限。

4. 驻地充电场景

驻地充电场景主要是指为各个单位员工提供的慢充桩❶，此部分充电桩可以为无桩的用户提供充电服务，有效缓解其充电难的问题。此场景下，电动汽车的充电时间长，可调度空间充足，可以为电网削峰填谷提供帮助。

综合以上场景，车桩网互动的能量优化管理策略与电网运行状态和用户充电需求两部分有关，建立能量优化管理策略需要依赖车桩网之间的有效融合。

目前，由于车桩网互动尚未形成成熟的市场机制，有多种车桩网互动能量优化管理策略可以采取，如基于分时电价的有序充放电策略、基于电动汽车充放电双层优化调度的策略和基于用户响应画像的充放电优化策略等。

基于分时电价的有序充放电策略可以利用电价对电动汽车用户的充电时间进行引导，使其转移到负荷低谷时段。单纯以峰谷电价进行调节可能导致电动汽车用户集中在谷时进行充电，会造成谷时负荷发

---

❶ 电动汽车电能补给方式分别为慢速充电模式（简称"慢充"）、快速充电模式（下文简称"快充"）和换电模式。采用快速充电模式的充电桩为快充桩，采用慢速充电模式的充电桩为慢充桩。

生剧烈变化，影响电网安全运行，因此，可以考虑电动汽车接入退出随机性，以此来解决谷时负荷剧烈变化的情况。在分时电价策略下，车桩网互动的主动性在电动汽车用户一侧，这种方式能够完全尊重用户使用意愿，操作更为简单，但需要合理的分时电价策略才能正确引导电动汽车用户的充放电行为，既不能无法吸引用户参与互动积极性，又不能因分时电价机制导致用户集中充电对电网造成负面影响。

基于电动汽车充放电双层优化调度策略可同时考虑电网负荷和用户参与意愿，上层模型以电网总负荷方差最小和充电桩代理商调度计划偏差最小为目标，下层模型以用户参与调度意愿和调度能力为基础，在代理商配合调度中心计划的前提下，注重提高用户参与度和用户收益最大化。

基于用户响应画像的充放电优化策略对用户进行分级评估，得到按调度参与深度和响应潜力划分的用户群体画像特征，根据画像特征制定分群体的差异化充电目标和调度模式，建立电动汽车充放电优化调度模型，以负荷波动和充电成本最小为目标，进行调度求解，得到能量管理策略。

1.3　本章小结

本章主要介绍了国内车桩网互动的基本概念、发展历史和其典型应用场景。车桩网互动是指利用电动汽车的储能特性和相关激励措施使电动汽车的充电行为受到调控、帮助电网稳定经济运行的电动汽车充电方式，其发展经历了无序充电、有序充电和 V2G 三个阶段。车桩网互动在公共充电场景、社区充电场景、高速公路充电场景和驻地充电场景中需要引入不同的能量管理策略，建立电动汽车用户、充电桩运营商和电网三方共赢的电动汽车充电机制。

第2章　车桩网多源数据融合的充电需求预测技术

本章主要介绍了车桩网多维融合特征辨识与提取方法，分析电动汽车充电行为特性，分析数据驱动下的充电需求智能高精度预测方法，分布不同智能预测算法的差异。

2.1　多源数据融合特征辨识与提取

电动汽车不同用户的出行和充电行为具有明显的差异性，例如，规律通勤型且拥有私人充电桩的用户一般会选择在家里或工作地点进行补电，对公共充电站（桩）需求较低，而运营性质的车辆由于行程随机性强，能量需求量大且充电时间短，对公共快充桩的需求较高。因此，需要基于电动汽车用户的出行及充电行为特征参数进行用户画像及分类，以便于更为细致地区分和刻画用户充电需求特性。基于单车运行状态（行驶、充电、停车）片段数据以及状态片段间的时空关联性分析，提出基于实车数据的电动汽车行程链构建方法，进而提出了"三维（时间—空间—能量）—三级（帧级—片段级—统计周期级）"的电动汽车出行、充电行为特征参数提取框架，并对不同类别的电动汽车用户进行了特征提取和画像分析，研究不同类别用户的充电行为与电动车充电负荷的相互关系，进一步支撑后续对不同类别电动汽车用户的充电需求估计及预测的研究。

2.1.1　电动汽车行程链构建

行程链的概念在交通规划中广泛使用，对于行程链的定义一般认为是研究对象在若干出行点之间的时空转移过程。本章将电动汽车的行程链定义为车辆从出发地出发，依次经历若干次行驶、充电和停车过程，最终到达目的地的过程。在此过程中，行程链记录了连续状态片段转换之间的时间、位置、能量等关键信息，进而用于支持用户的出行和充电行为习惯研究。本章拟采用行程中车辆停驻时长≥5min的行程节点作为行程链空间切分节点，其对应的起始和结束时间作为时间切分节点对用户的连续行程进行分割并提取行程链。

一条完整的行程链包含车辆在时空维度的连续状态信息，如图 2-1 所示，行程链由三条信息链构成，即时间链、空间链和状态链组成。

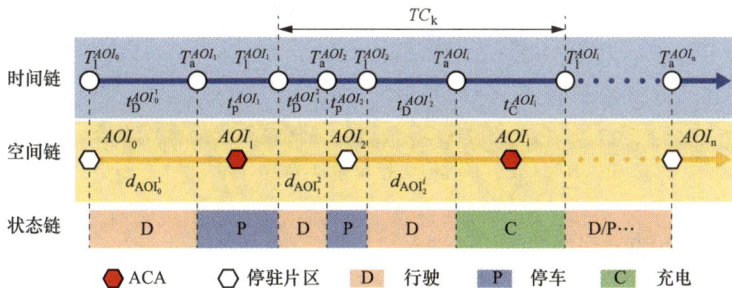

图 2-1　行程链结构示意

基于电动汽车实际运行片段的行程链构建方法介绍如下：首先进行车辆状态划分，可分为行驶状态（D，Driving）、停车未充电状态（P，Parking）和充电状态（C，Charging）。其中小于 3min 的停车状态认为是临时停车过程，从行程链角度不予关注；小于 5min 的行驶过程一般行驶距离较短，不具有行程维度位置变化的统计意义；充电小于 5min 的认为是异常充电过程，不予关注。活动中心片区（Activity central area，ACA）的定义为电动汽车在开始停驻时间在 12：00—23：59 区间内到结束停驻时间在 0：00—11：59 区间内的停驻时长最长的片区，构建行程链需要对活动中心片区进行识别。在获取了新能源汽车用户活动中心片区后，对行程链进行时空切分。

图 2-2 所示为基于上述行程链构建过程提取的一段典型的电动汽车行程链，其中，黑色圆圈代表了行程链的出发和到达地点，蓝色柱代表停驻过程，红色柱代表充电过程，绿色线段代表行驶过程。对于行程链中的每一个状态片段，其始末时间、空间位置和能量状态三类

关键信息均是行程链的组成部分。

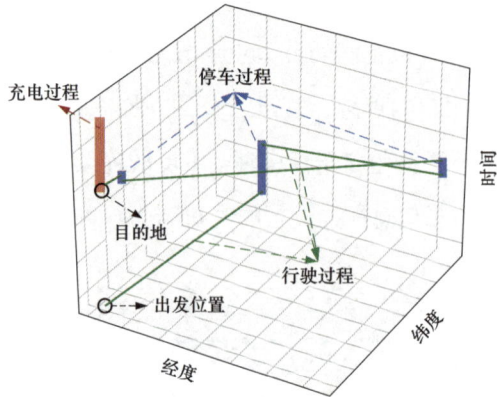

图 2-2　行程链示例图

2.1.2　电动汽车行为特征分析

1. 时间维度

电动汽车用户的出行时间受所在城市的通勤时间、交通流量以及用户的出行习惯的综合影响，个体用户的出行时间具有较强的随机性，而大量用户的出行聚合结果反映了城市内居民的日常通勤活动规律，具有较为稳定的特征分布。本章针对时间维度分别进行出行时间、状态片段时长、状态占比和状态频率等参数分布的统计分析。

（1）出行时间。电动汽车用户每日第一次出行的出发时间和最后一次出行的到达时间的分布统计结果如图 2-3 所示。能够观察到电动

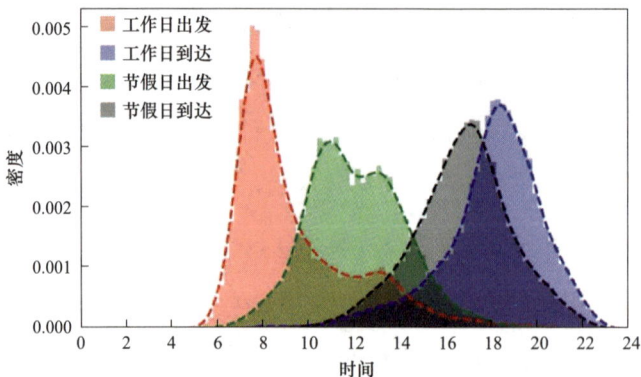

图 2-3　电动汽车出行时间统计结果

汽车在工作日和节假日的出行时间有着明显的峰谷分布特征，在工作日，本章统计的电动汽车出发时间集中分布在 7：00—9：00，在12：00—14：00 存在一处较小的波峰，结束行驶时间集中分布在19：00—21：00。在节假日，出发时间和结束时间分别延后和提前近2h，同时分布更加离散，这一差异主要是由用户在工作日和节假日出行目的和出行特征的不同造成的。

（2）充电时间。从充电时间来看，工作日的充电开始时间在8：00—10：00, 12：00 和 18：00—20：00 区间处存在三个较为明显的峰值，分别对应上午、下午和夜间充电的聚集，相比之下，充电结束时间分布更加离散，不存在较为明显的峰值，参见图 2-4。在节假日，充电开始时间的峰值区间分布在 10：00—12：00 和 17：00—

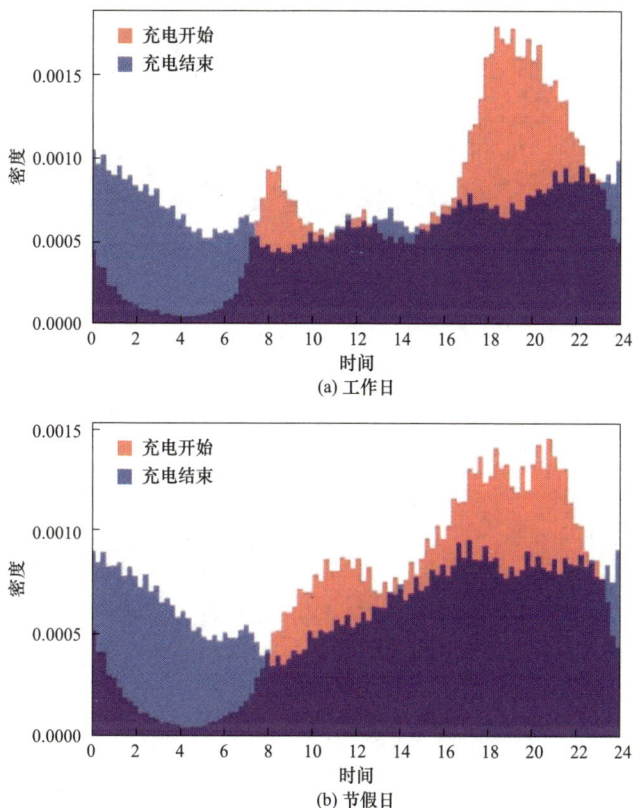

图 2-4　充电开始、结束时间分布统计结果

21：00 和相比工作日分布较为离散，说明电动汽车用户在节假日的充电行为较平时随机性更强。

从充电开始时间—充电时长分布统计结果（如图 2-5、图 2-6 所示）来看。工作日在 5：00—6：00 开始充电的充电过程持续时间中位数较小，在 6：00—8：00 期间开始充电的充电时长逐渐增加，在 8：00—12：00 充电时长呈下降趋势，在 12：00 之后直到 16：00 之前，充电时长保持稳定，没有明显波动，在下午 16：00 后可以明显观察到充电时长的增加，0 时过后，直至 5：00，充电时长逐渐减少。节假日的充电时长分布规律与工作日基本相同，不同的是不存在 7：00—9：00 区间内的小充电高峰。

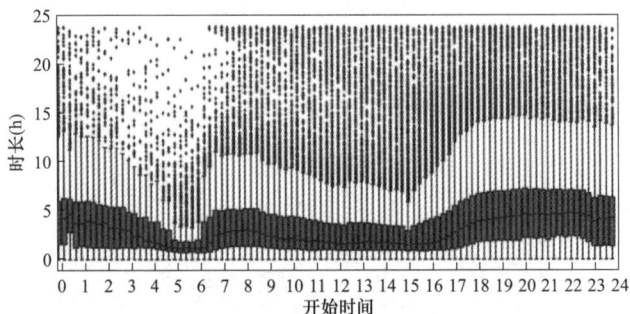

图 2-5 工作日充电开始时间—充电时长分布

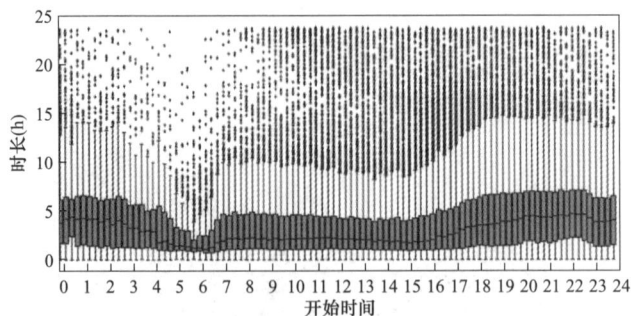

图 2-6 节假日充电开始时间—充电时长分布

值得注意的是，用户不会在充电完成后立即停止充电开始行驶，而是会在充电停车位停留一段时间。从工作日充电后停车时长统计分布结果（如图 2-7、图 2-8 所示）来看，在 6：00 之后直至 20：00，充电后停车时长中位数均处在较低水平，但是在 9：00 至 13：00 期间存在峰值，在 18：00 之后，充电后停车时长增加，并在 23：00 后直到次日 6：00，充电后停车时长分布的 1/4 分位数显著高于其他时间，同时能够观察到，0 时以后至 7：00 之前，充电后停车时长随充电结束时间而显著减少。

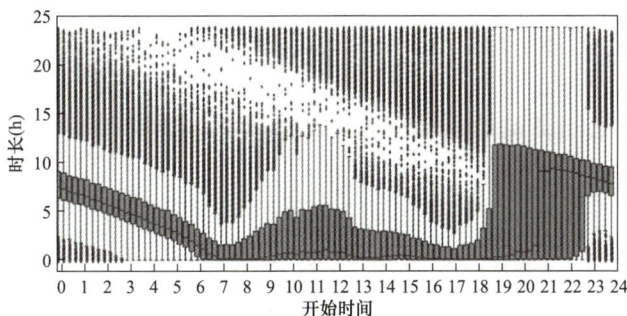

图 2-7　工作日充电后停车开始时间—时长分布

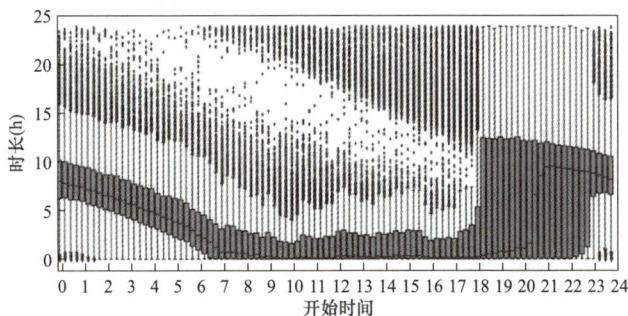

图 2-8　节假日充电后停车开始时间—时长分布

（3）状态持续时长。从状态持续时长角度来看，工作日和节假日的行驶和充电时长的分布情况较为接近，而停车时长的分布存在较为明显的差异，具体而言，行驶状态的时长分布最为集中，工作日和节假日的单次出行的时长一般都不超过 1h，工作日平均为 0.62h，节假日平均为 0.5h。充电时长存在两个峰值，其中一个峰值集中在 15min～2h，一般对应快充过程，另外一个峰值分布较为平缓，时长可达 10h，一般对应慢充过程。工作日的停车存在两个峰值，分别是1～4h 区间的短时停车和长达 8～12h 区间的长时停车。结合图 2-9 所示的时段—停车时长分布结果可以看出，短时停车一般出现在日间，长时停车一般出现在夜间，当日停车后直至第二天用车。节假日停车时长在 1～4h 区间内分布较为集中。

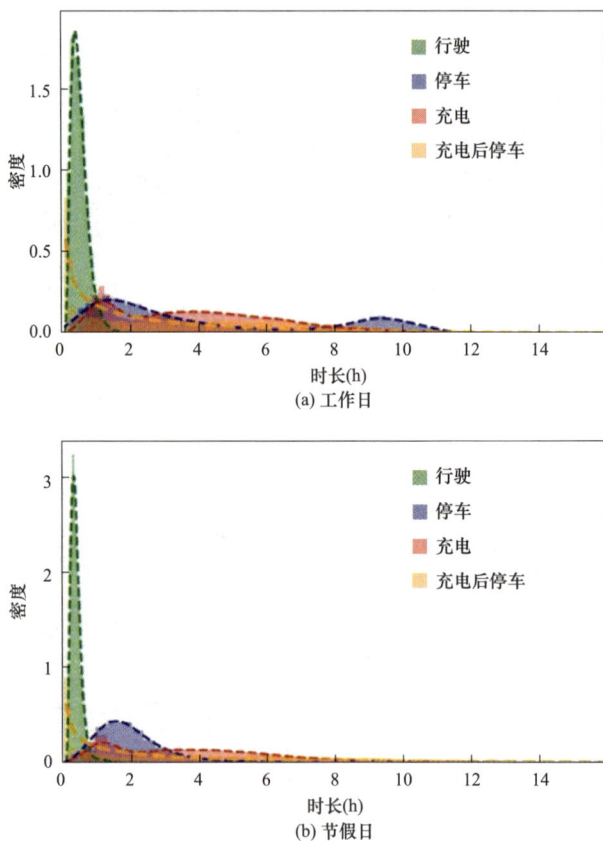

图 2-9　电动汽车状态片段时长分布统计结果

从图 2-10、图 2-11 所示的时段—停车时长分布来看，工作日期间 20：00—次日 4：00 开始的停车时长较长，达到 5h 以上，同时可以观察到停车时长在 20：00—次日 18：00 逐渐缩短；6：00—9：00 开始的停车时长分布出现了显著的升高，基本吻合车辆到达工作地点的长时间停车特征；11：00—17：00 停车时长分布较为集中，同时停车时长较短；其余时间段的停车时长分布相对较为离散。相比工作日，节假日的夜间停车时长分布更加离散，日间停车时长分布相对集中，同时能够明显观察到不存在工作日 6：00—9：00 的停车时长高峰。

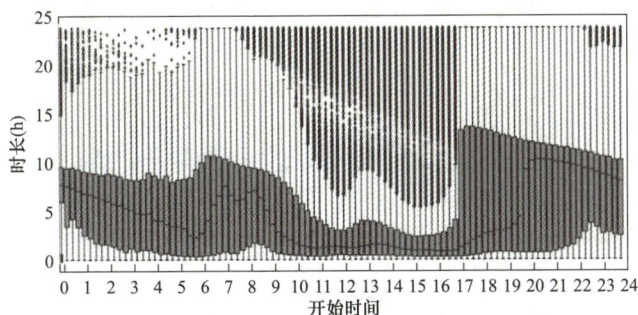

图 2-10　工作日停车开始时间—停车时长分布统计结果

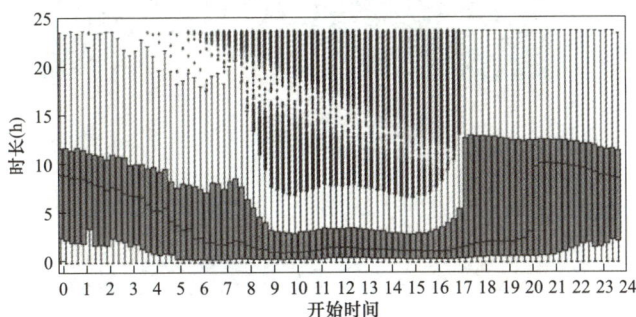

图 2-11　节假日停车开始时间—停车时长分布统计结果

（4）状态时间及时长分布。如图 2-12 所示，从状态时间分布维度来看，行驶状态的时间分布主要集中在 7：00—9：00 和 17：00—19：00 之间，而充电状态主要集中在夜间。同时，工作日和节假日的状态时间分布具有较为明显的差异。在实际场景中，充电后通常会出现充满电的停车状态，而不是立即切换到行驶状态，这种情况在夜间尤为典型。相应地，在图 2-12 的状态时间分布结果中可以观察到充电状态后停车的显著占比。平均而言，一天内行驶、停车、充电、充电后停车的比例分别为 10.34%、69.89%、9.15%、10.62%。从

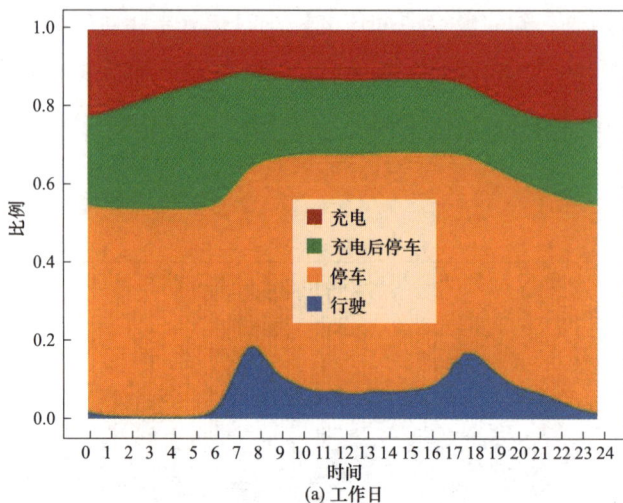

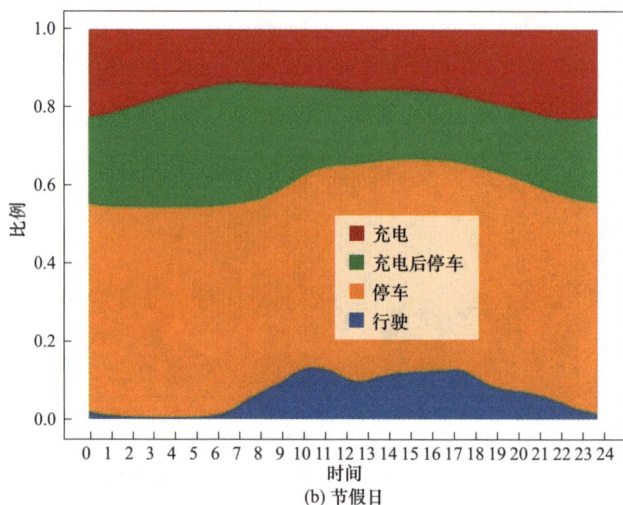

图 2-12　状态时间分布统计结果

不同状态的时间占比（如图 2-13 所示）来看，行驶和充电状态时长占比接近 20%，而停车状态占比平均达到 80%，这表明电动汽车的绝大部分时间是在停车状态，停驻时电动汽车可视为分布式的储能单元，其所携带的能量具有灵活的可调度特征，这为电动汽车有序充电和 V2G 技术的实现创造了条件。此外，充电后停车状态占比几乎与充电状态达到接近水平。

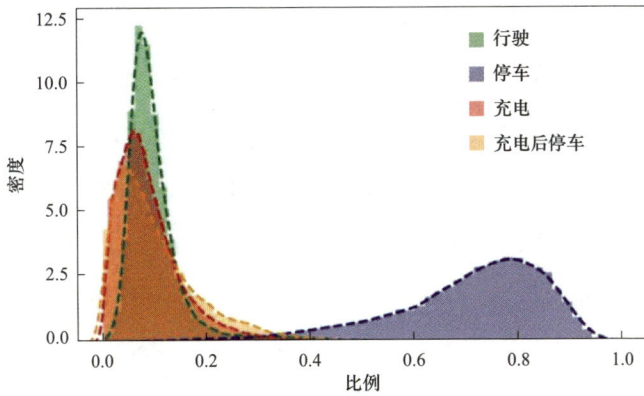

图 2-13　状态时间占比统计结果

（5）状态频率。从不同状态片段的频率分布情况来看（如图 2-14 所示），日均行驶频率多集中在 1～4 次/天，一般不超过 6 次/天，工

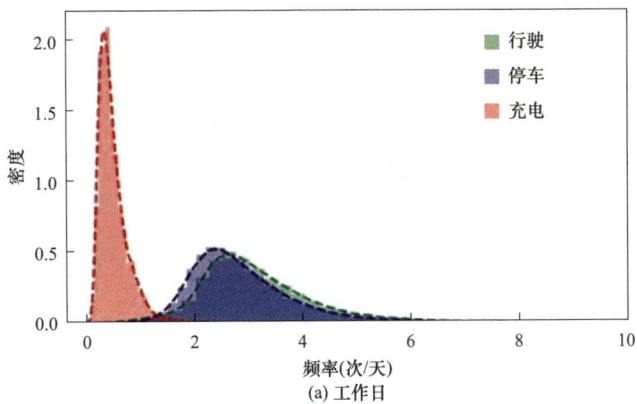

(a) 工作日

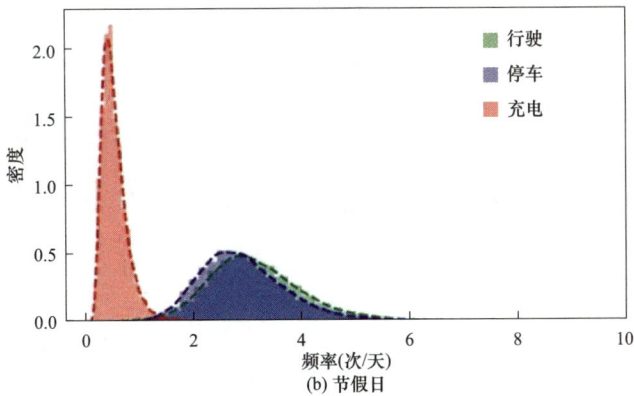

(b) 节假日

图 2-14　状态频率分布统计结果

作日平均为 3.06 次/天，节假日平均为 3.08 次/天。停车频率与行驶频率分布情况接近，日均充电频率大多低于 1 次/天，工作日平均为 2.81 天/次，节假日平均为 2.87 天/次。充电频率的分布相对于行驶和停车频率更为集中，一般不超过 1 次/天。工作日和节假日的状态频率分布情况无较大差别。

（6）时间熵。当 96 个时间区间内的状态概率均匀分布时，状态时间熵达到最大值；而当状态概率分布集中于少数几个时间区间时，状态时间熵则相应降低。从图 2-15 所示的工作日行驶/停车/充电/充电后停车状态时间熵统计结果来看，停车和充电后停车状态时间熵分别集中于高熵值区域，说明上述状态的时间分布较为离散和平均，而行驶和充电状态时间熵相较于停车和充电后停车更加离散，说明行驶和充电状态时间的分布相对更加集中。

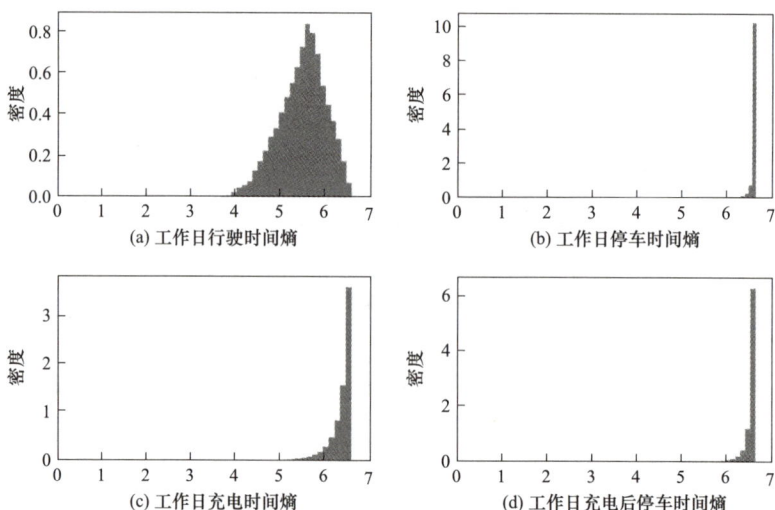

图 2-15 车辆状态时间熵统计结果

2. 空间维度

本条目从空间维度统计电动汽车用户的出发、到达、停车和充电片区数量，除特殊情况外，一次出行会同时产生一个出发地和目的地，且停车地点一般在目的地，因此，出发、到达和停车片区数量理论上应当接近。其次，本条目统计了用户出行里程分布，其中具体包括日出行里程、单次出行里程、相邻两次充电间行驶里程和相邻两次充电位置之间的距离等的分布，并统计了用户行程的空间相似度。

（1）出发/到达、停车和充电片区。从月均出发/到达、停车和充电片区数量分布情况来看（如图 2-16 所示），出发/到达和停车片区的分布较为接近，由于出发和到达片区数量是一致的，因此，对于出发/到达片区仅统计 O-D 对数量（一个 O-D 对代表出行过程中的出发片区和到达片区），结果显示，月均 O-D 片区和停车片区数量分布较为离散，主要分布在 10～30 区间内，一般不超过 50 个片区，该数值反映了用户使用电动汽车过程中的空间分布的复杂程度，一般来说，该片区数量越多，说明用户到访过的地点越多，从而日常活动的空间信息越复杂。相比之下月均充电片区的分布明显更加集中，大多数用户的日常充电地点一般不超过 10 个，说明电动汽车用户对于充电站（桩）的选择具有较为明显的规律性和习惯性，一般不会经常更换充电地点。需要说明的是这里统计的片区均为非重复片区，重复到访的片区不计入统计。

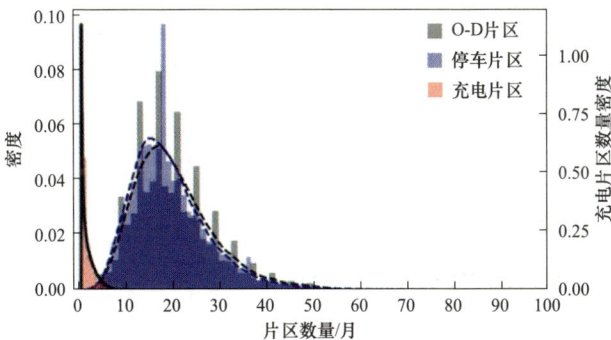

图 2-16　月均出发到达、停车、充电片区数量分布统计结果

（2）里程/距离分布。从图 2-17 所示的行驶距离统计结果来看，电动汽车用户单次出行距离分布较为集中，一般不超过 50km，工作日平均为 16.2km，节假日平均为 11.76km。日均行驶距离分布较为

离散，但一般不超过100km，工作日平均为51.8km，节假日平均为45.64km，节假日行驶里程分布相对较为集中。从相邻两次充电间行驶里程和相邻两次充电位置间距离分布来看。电动汽车两次充电间行驶里程基本符合正态分布，一般不超过400km，行驶里程上限一般由电动汽车的续驶里程决定，平均为123.9km。图2-18显示相邻两次充电位置间距离的分布非常集中，3km以下占比达到80%以上，平均为2.45km，该项特征参数的分布特征反映出电动汽车用户的充电位置一般相对固定且距离较近。

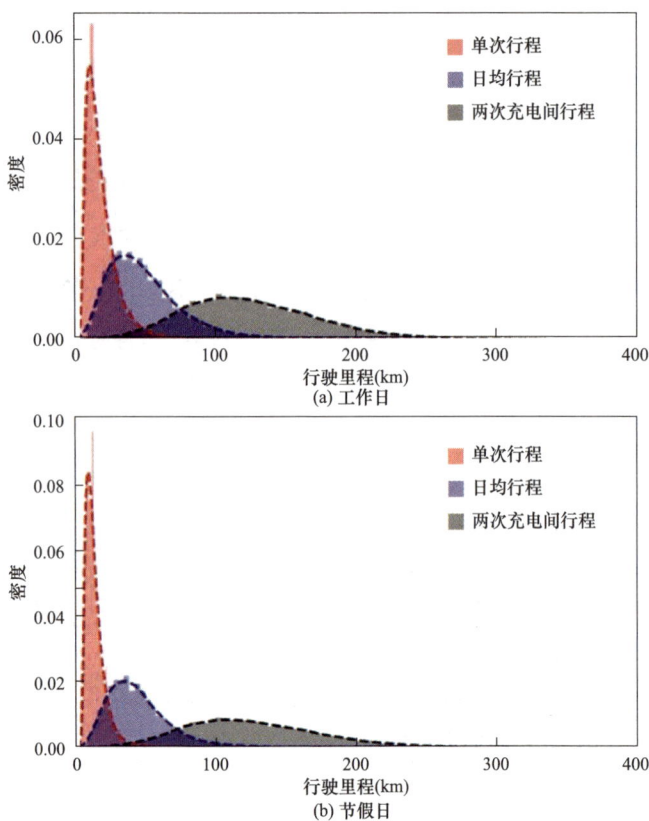

图 2-17　次均和日均行驶里程分布统计结果

（3）空间相似度。采用Jaccard相似度计算方法统计电动汽车用户的日均活动空间相似度，结果如图2-19所示。从统计结果可以看出，多数用户的日均活动空间相似度分布在0.2~0.6区间内，同时

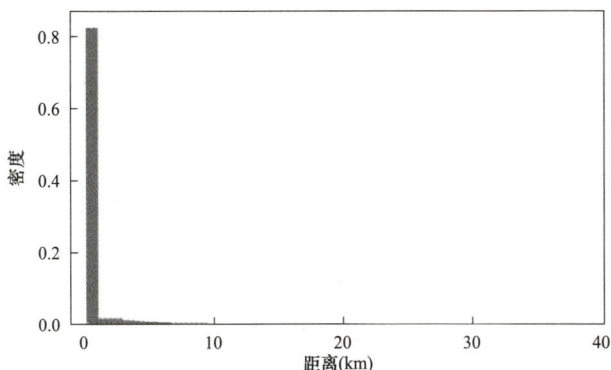

图 2-18　相邻两次充电位置间距离分布统计结果

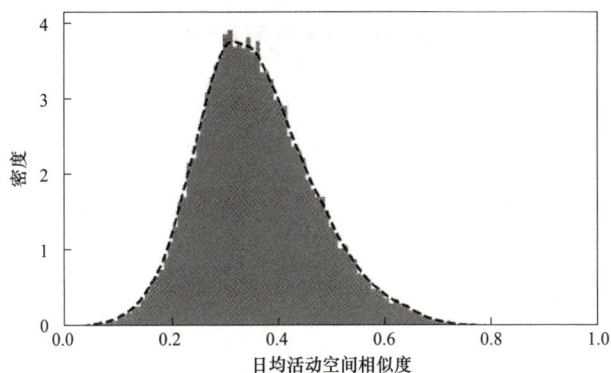

图 2-19　日均活动空间相似度统计结果

分布较为离散。说明所统计的电动汽车用户的日常活动所涉及空间的相似度特征存在较为明显的差异性。这种差异性通常是由新能源汽车的用途和用户出行目的的差别造成的，通常来说，电动出租车、租赁车、公务车等由于行驶路线、目的地分布相对随机，因此日常活动空间相似度较低；而电动私家车，尤其是用于日常通勤的车辆的活动地点相对固定，因此，日常活动空间相似度较高。

（4）空间熵。行驶和充电空间熵分布统计结果分别如图 2-20 和图 2-21 所示，由于行驶过程的起终点和停车位置存在对应关系，因此，停车空间熵与行驶空间熵分布情况类似。结果显示，行驶空间熵的分布接近正态分布，说明所研究的电动汽车的行驶过程涉及的空间访问规律是多种随机因素共同影响的结果，同时，充电空间熵分布中可以明显观察到 0 处的峰值，且充电空间熵显著低于行驶空间熵，说明存在相当一部分电动汽车的充电位置是固定的，多数电动汽车用户对于充电位置的选择具有较强的规律性和偏向性。

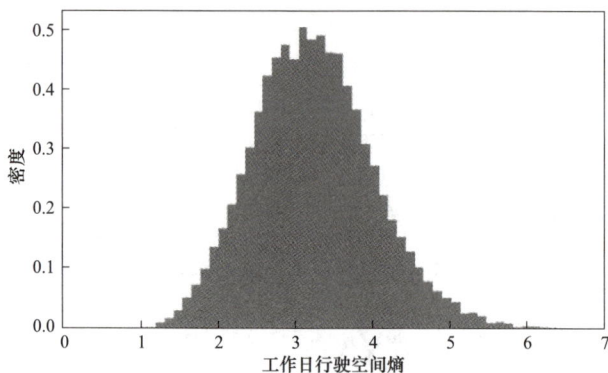

图 2-20　工作日行驶空间熵分布统计结果

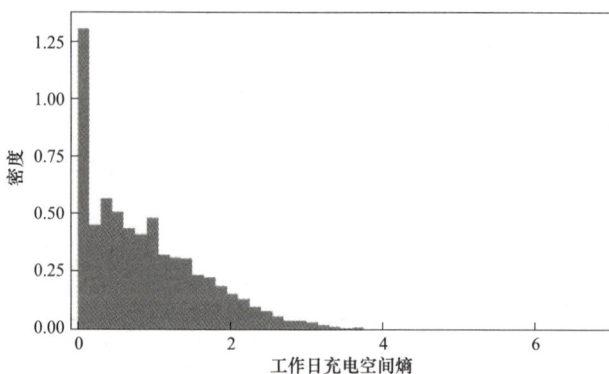

图 2-21　工作日充电空间熵分布统计结果

3. 能量

（1）行程链/充电起始结束能量。从图 2-22 所示的行程链起始 SOC 分布来看，多数集中分布在 50%～100% 区间内，其中，100% 处存在较为明显的峰值，说明将电动汽车充电至满电后再投入使用的情况是普遍存在的。同时，行程链开始，SOC 几乎不存在 40% 以下的分布，说明电动汽车用户极少在电量较低的情况下选择出行，反映了电动汽车用户对于电量和行程规划的保守性；从行程链结束 SOC

分布情况来看，极少有用户将电动汽车使用至 30％以下，多数集中在 50％～80％区间内，这也反映了电动汽车用户对于剩余电量的普遍保守估计的情况。

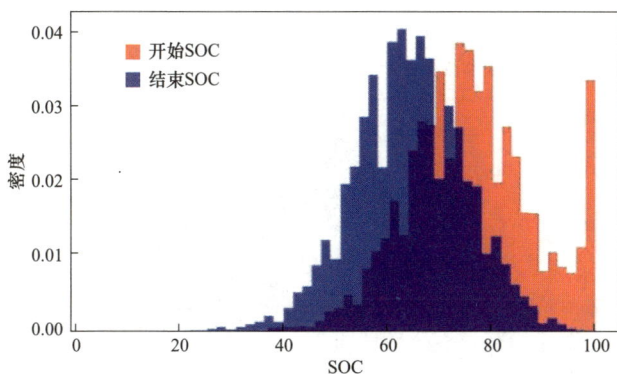

图 2-22　行程链起始结束能量分布统计结果

从图 2-23 所示的充电状态分布来看，充电开始 SOC 分布主要集中在 20％～60％区间内，分布较为离散，与之相反，充电结束 SOC 的分布非常集中，一般高于 80％，在大于 90％区间内最为集中，反映出多数用户偏向于将电动汽车充满电。

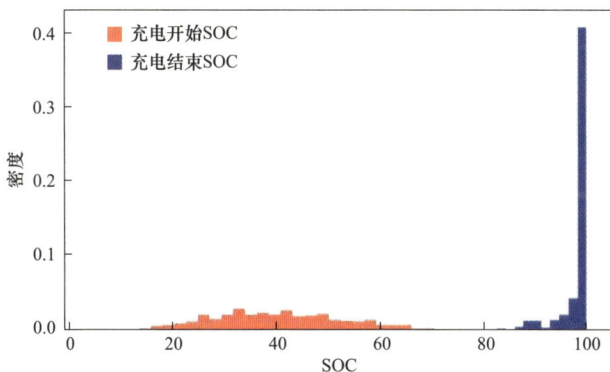

图 2-23　充电起始结束能量分布统计结果

（2）充电能量。从图 2-24 所示的充电 SOC 分布结果来看，电动汽车用户的充电 SOC 分布较为离散，从 10％～90％区间内均有分布，大多数集中在 40％～60％区间内，且工作日与节假日无明显差别。从图 2-25 所示充电能量分布角度，月均充电能量普遍分布在 50～600kWh 区间之内，平均为 269.7kWh；单次充电能量上限主要由动力电池容量决定，基本小于 60kWh，平均为 24.5kWh。

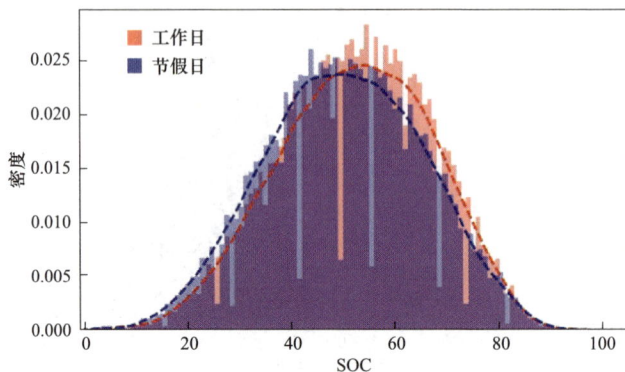

图 2-24　充电 SOC 分布统计结果

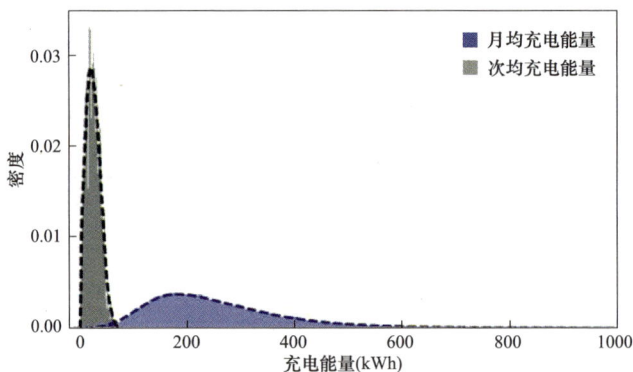

图 2-25　月均充电能量分布统计结果

（3）充电功率。电动汽车充电过程的平均充电功率分布存在两个较为明显的峰值，如图 2-26 所示，第一个峰值出现在 0～10kW 区间以内，分布较为集中，说明所研究的新能源汽车用户选择慢充居多，而慢充的功率选择较为集中说明慢充桩的类型及其功率相对固定；第二个峰值出现在 10～50kW 区间内，分布较为离散，一般不超过 100kW，说明快充功率的选择范围相对较广。此外，工作日和节假日的充电功率分布不存在显著差异。

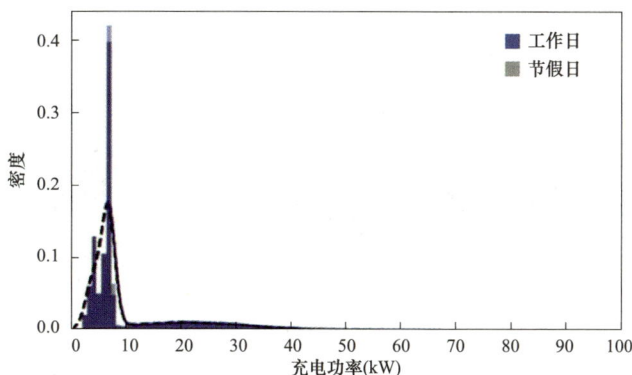

图 2-26　充电功率分布统计结果

　　考虑到在不同的时间段内电动汽车用户所处的充电环境和对快慢充的选择偏好存在的差异性，例如在夜间停车时间较为充足的时段内，慢充通常更易被选择。因此，以 15min 为时间单位划分一天的时间，在不同的时间段维度上对充电功率的分布情况展开分析。如图 2-27、图 2-28 所示，17：00～23：00 开始的充电过程充电功率显著低于其他时间段，说明该时间段内开始的充电多为慢充过程，4：00～6：00 的充电功率中位数相比其他时段存在明显的高峰，推测为准备日间运营车辆的快速补电需求。上述不同充电开始时间对应的充电功率分布存在的差异对于研究电动汽车的充电行为特征以及对不同环境下电动汽车用户对于快慢充的选择偏好研究具有重要意义。

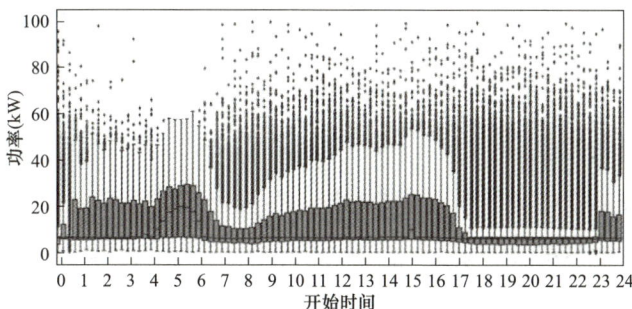

图 2-27　工作日充电开始时间—充电功率分布

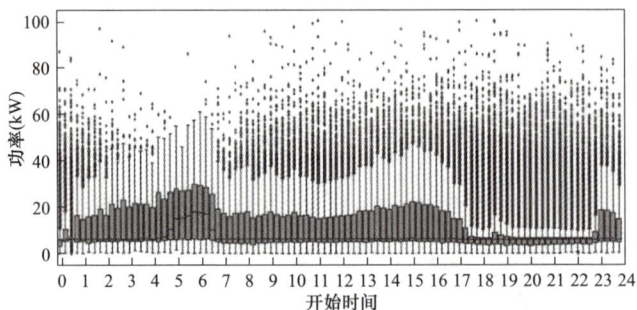

图 2-28 节假日充电开始时间—充电功率分布

总结上述从时间、空间和能量三个维度的电动汽车出行、充电行为特征统计分析结果，电动汽车用户的个体行为参数由于受用户行为、使用环境、行程规划和目的等因素的综合影响具有显著的随机性。但是大量统计样本所反映出的电动汽车群体的行为特征具有较为明显的规律性。以时间维度为例，个体新能源汽车用户的出行时间是随机值，而从城市群体聚合的角度，能够从样本分布规律中得知电动汽车出行的高峰时段为 7：00～9：00 以及 17：00～19：00。此外，此处所提出的时间耦合和多参数联合特征数据相比于对相关特征指标进行简单统计提高了统计精细度，结合上文所分析的不同时段下的充电时长、停车时长以及充电功率分布的显著差异，说明高精细度的时间耦合、多参数联合的电动汽车行为特征参数提取对细致探究电动汽车用户的出行、充电行为特征及其影响因素是十分有必要的。

2.2 充电行为溯因分析

本节在提取的"多维—多级"出行、充电特征参数的基础上，使用双层聚类模型进行用户画像分析。在行为聚类过程后，使用表示不同类别的聚类标签对状态片段进行标记。为了提高充电需求预测的时空和逻辑合理性，在提出的基于电动汽车用户行程链模拟的充电需求预测模型中考虑并模拟了用户充电行为前后的连续活动。

可将总体新能源汽车用户被分为六类，具有不同的出行模式和充电习惯。一般来说，所有类型的用户可分为两类，规律型电动汽车用户（A、B类和C类，占65.94%）和随机型电动汽车用户（D、E类和F类；占34.06%）。

2.2.1 规律型电动汽车用户

类别A、B和C的出行模式和充电习惯相对规律性较强，主要反映在日常出行的空间相似性较高、行驶和充电状态的低空间熵以及有限的出行频率和月均充电能量。这些类别用户被定义为规律型电动汽车用户，然而，每个类别都有其独特的特征，下面从时间、空间和能量维度进行详细总结。

（1）时间特征。从时间角度来看，该类别电动汽车用户群体的行驶和充电频率相对较低，但日间和夜间的单次行驶过程持续时间较长，体现了其稳定、低频率和长行程的出行特性。停车状态占据该类别电动汽车用户群体的主要部分，分别达到70%、70%和80%。相应地，停车时间分别达到5.76、3.97、5.09h（日间）和9.73、8.81、9.93h（夜间）。较长的停车时长说明这些电动汽车使用强度较低，通常用于私人用途。C类电动汽车用户群体充电后停车时长比例最低，这与该类别用户群体的快充偏好相关，推测是因为该类用户群体没有私人充电桩，因此只能在公共快充站充电，并在充电完成后尽快驶离充电站以避免支付超时停车费用。类别C中用户较低的充电时间熵表明充电时间分布相对规律。此外，规律型电动汽车用户群体的行驶时间熵值通常较低，显示出相对规则的出行时间分布。

（2）空间特征。从空间维度特征出发，该类别电动汽车用户群体的日常活动Jaccard相似度在所有类别中最高，在空间维度上表现出较高的规律性，同时，对应了较低的行驶空间熵。类别A和B电动汽车用户群体的充电空间熵、充电站之间的距离也较低，表明这两类的电动汽车用户的充电位置相对固定。相反，C类新能源汽车用户群体的充电空间熵、充电站之间的距离和月均充电片区数量明显大于其他两类，分别达到1.43、5.5km和3.14km，推测是由于C类用户没有私人充电桩，因此，无法在固定充电桩上实现规律充电。该类别电动汽车用户群体的单次出行平均行驶里程通常大于其他类别，分别达到18.62、16.28km和17.03km，但日行驶里程较低，分别达到43、45.69km和48.92km，平均比随机型新能源汽车用户低24.5%。

（3）能量特征。在能量特征方面，A类和B类电动汽车用户群体均为慢充主导型，慢充比例接近80%，充电功率中位数小于6kW。与A类和B类相反，C类电动汽车用户群体以快充为主，快充比例高达86%，充电功率中位数达到21.84kW。至于月均充电量，最低为201.95kWh（A类），最高为244.86kWh（B类），但均低于随机型电动汽车用户。就单个充电过程的充电能量而言，各类别电动汽车用户群体之间不存在明显差异。

2.2.2 随机型电动汽车用户

与规律型电动汽车用户群体相反，D类、E类和F类电动汽车用户群体的出行模式和充电习惯更为随机。日常活动空间相似度通常低于其他类别，这表明该类别的电动汽车用户群体出行时间和空间分布的高度随机性。此外，行驶和充电频率较高表明日常使用强度较高。其中每个类别电动汽车用户群体的出行、充电时间、空间和能量特征总结如下。

（1）时间特征。随机型电动汽车用户群体的行驶和充电频率相对较高，该类别用户群体的行驶频率为3.44~4.19次/天，大约每两天充电一次，相反，日间和夜间的单次行驶时长较短，表明了该类别用户的随机、高频率和短行程的出行特征。此外，随机型电动汽车用户群体的行驶和充电比例通常高于规律型用户，停车状态时长占比较低，但类别F除外。D类和E类电动汽车用户群体的日间和夜间停车时长明显短于规律型用户，F类也表现出相反的特征，反映在停车时长上分别达到2.83h（日间）和8.51h（夜间）。因此，可以推断F类是一种低强度运营的电动汽车，例如电动租赁汽车，在夜间随着用户需求的降低而出现空闲状态。在时间熵方面，随机型电动汽车用户群体的行驶和充电时间熵值较高，表明行驶和充电次数的相对随机分布。值得注意的是，类别F的充电时间熵较低，表明充电时间相对固定。

（2）空间特征。在空间维度上，随机型电动汽车用户群体的日常活动空间相似度和行驶空间熵值分别显著低于和高于规律型电动汽车用户群体，表明日常出行空间特征的高度随机性。然而，在充电空间特征维度上，D类和E类电动汽车用户群体的充电空间熵、平均月充电片区数量和充电站之间的距离较低，推测是由于这些用户的充电位置相对固定所致。相反，F类用户的充电空间特征随机性较强，体现在高充电空间熵、充电站间距离和月均充电区域数量上，这表明F类用户充电位置通常是不固定的，可能会随车辆的出行位置而变化。这三类用户的单程行驶里程数较低，但日行驶里程数较高，与高频出行的特征相符。

（3）能量特性。D类和E类电动汽车用户群体均以慢充为主，慢充占比近80%，平均充电功率约为5kW，而F类为快充为主，平均充电功率达到17.89kW。这三类电动汽车用户群体的月均充电电量通常高于规律型电动汽车用户群体，最高甚至可达到403.53kWh（F类），比最低（A类，201.95kWh）高出118%。慢充过程通常伴随着较长时间的充电后停车过程，尤其是在夜间。此外，充电后停车时间较短，充电站之间的距离较长，偏向于快充的电动汽车用户可以观察到的月均充电片区数量较多。

本书输出的用户聚类结果和每个用户类别中相应的特征参数立足于数据，从多维数据倒推了用户行为，挖掘了不同用户行为特性。

2.3 充电需求预测方法

2.3.1 数据驱动的充电需求预测

准确的电动汽车充电负荷预测模型将有效缓解电动汽车在接入后对电网运行造成的影响,并对充电基础设施的规划与运行提供重要的基础支撑。在当前电动汽车充电负荷预测领域中,研究主要分为概率建模方法与数据驱动方法。其中,概率建模方法通过分析电动汽车出行与使用特性来演算充电行为,基于概率模型来模拟充电负荷的时空特性,该类方法具有较好的研究通用性,但在建模过程中难以全面考虑各类因素,概率模型与实际工况有偏差。数据驱动方法利用实际历史数据建立预测模型,能更好反映真实工况,但现有技术大多仅采用历史时序数据作为输入,未考虑不同城市功能网格特征对充电负荷造成的潜在影响,对于城市网格的充电负荷预测精度不高,预测能力滞后。

对规律性较差的电动汽车充电负荷时间序列建立预测模型时,前若干时间段的负荷值都会对待预测时刻负荷值有不同程度的影响,而一般的线性方程难以描述负荷变化的非线性规律。为此,需要借助机器学习相关算法充分挖掘序列前后时刻数据间的相关性。人工神经网络或支持向量机等机器学习算法输入层与隐含层、隐含层与输出层间神经元全连接,且各层神经元间无连接,这种单独孤立的对每个样本处理的方式忽略了前后时刻输入数据间的关联性,对自然语言处理、机器翻译等某些长时间序列问题处理能力较差,如在机器翻译时,为获知什么单词将出现在该句子后面,通常需要依据前面的单词来做预测,这是因为一段话前后单词是相互紧密联系的,而不是单独存在的,即一个序列当前的输出与前面的输出也有关。因此,其在训练模型参数及网络结构时存在运行效率低,浅层感知机难以表征高维数据特征等缺陷,导致不适宜输入维数高、负荷数据量较大的应用场合。

因此，需要研究运算效率高、占用内存小、能够处理高维特征的预测算法，以保证负荷预测时效性与高效率。深度学习作为机器学习算法的延伸扩展，采用逐层训练方式搜索求解模型参数，因而可构建含多隐含层的网络结构，自主实现对高维输入数据的特征提取，避免了维数灾难问题。同时，深度学习算法采用批处理方式将原始海量数据分解为若干子样本集进行模型训练，提高了模型训练效率。大量研究成果及应用已表明，相对于机器学习算法，深度学习更适合处理高维输入及海量数据任务。

RNN 是深度学习领域中重要的一种网络结构，其典型特征是神经元之间不仅有内部反馈连接，还含有前馈连接。RNN 在计算时会保留前面的信息，并将这些信息作为当前输入的一部分，进而计算当前时刻的输出。因此，RNN 网络结构隐含层间节点是有权重联系的，而且这种联系体现为 RNN 隐含层输入由该时刻输入层的输出和前一时刻隐含层输出两部分的共同作用得到，从而在训练步骤中突显动态特点。相对于前馈神经网络，RNN 具有更强的动态行为，而且大幅度提高计算能力。然而由于 RNN 在训练过程中容易出现梯度消失和梯度爆炸问题，导致 RNN 无法捕捉到远距离输出对当前时刻输出的影响，限制了其广泛的应用与发展。

因此，本书建立基于 DNN-GRU 的组合神经网络预测模型，统筹考虑时序历史数据中的时序特征，以及季节、环境、交通等影响因素的动静态特征，形成面向网格化电动汽车组合神经网络充电负荷预测方法，以期能够获得科学合理的预测值。

2.3.2 长短期记忆网络预测技术

长短期记忆网络（Long Short Term Memory，LSTM）是 RNN 的改进，通过在隐含层增加新的单元状态进行信息的传递，实现对远距离信息的有效控制，较好地解决了梯度消失与梯度爆炸问题。LSTM 通过遗忘门、输入门及输出门的作用控制单元状态中信息的遗忘与保留，也导致其网络结构与参数较 RNN 复杂。

　　循环神经网络是由输入层、隐含层及输出层组成的全连接神经网络，图 2-29 所示为 RNN 结构及展开示意图，其中 x 为连接输入层的输入向量，U 为输入层与隐含层的权重矩阵；h 为隐含层输出，当前时刻输出 h_t 由隐含层输入经权重矩阵和激活函数的作用得到；V 是隐含层与输出层的权重矩阵，由此可得当前时刻的输出为

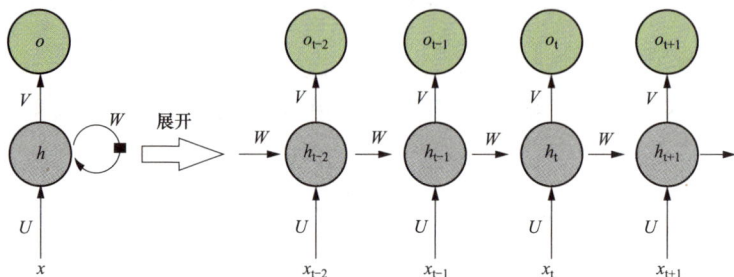

图 2-29　循环神经网络结构模型及展开示意图

$$o_t = g(Vh_t) \tag{2-1}$$

式中：$g(\cdot)$ 为输出层激活函数。

　　从展开图可以看出，与传统人工神经网络不同的是，RNN 隐含层输入值在当前时刻 t 时包括两部分：①当前时刻输入 x_t 经 U 作用后的值；②前一时刻 $t-1$、隐含层的输出 h_{t-1} 并经权重矩阵 W 作用后的值。其中，权重矩阵 W 即为前一时刻隐含层与当前时刻隐含层间的连接权重。因此，当前时刻隐含层输出即为

$$h_t = f(Ux_t + Wh_{t-1}) \tag{2-2}$$

式中：$f(\cdot)$ 为隐含层激活函数。

　　原始 RNN 网络结构的隐含层仅有 h 状态，而长短期记忆网络通过在隐含层加入新的单元状态保存长期的信息传递，解决了 RNN 网络难以捕捉远距离信息的缺陷。RNN 结构优化后的简化模型如图 2-30 所示。

　　用 c（cell state）表示新增加的单元状态，按时间顺序将神经网

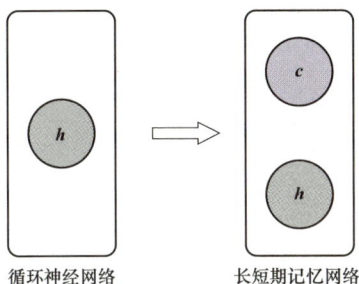

图 2-30　LSTM 与 RNN 网络结构简化模型

络结构展开，如图 2-31 所示。

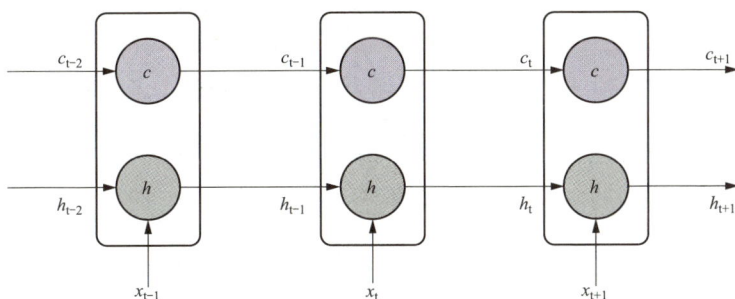

图 2-31　长短期记忆网络结构模型

可见，在当前时刻 t 时，包含该时刻外部输入 $\boldsymbol{x}_t$，$t-1$ 时刻 LSTM 隐含层输出值 $\boldsymbol{h}_{t-1}$ 及 $t-1$ 时刻单元状态 $\boldsymbol{c}_{t-1}$ 共三个输入变量。而当前时刻输出包括 $\boldsymbol{h}_t$ 和 $\boldsymbol{c}_t$ 两部分。

通过三个控制开关实现对单元状态 $\boldsymbol{c}$ 的有效控制，达到信息的长期记忆与传递的目的。图 2-32 展示了门的控制对象与控制逻辑结构。第一个开关"遗忘门"，实现对前一时刻单元状态 $\boldsymbol{c}_{t-1}$ 的控制，决定前一时刻单元状态 $\boldsymbol{c}_{t-1}$ 有多少信息保留到当前时刻 $\boldsymbol{c}_t$ 中，该开关负责继续保存长期状态；第二个开关"输入门"，实现对当前时刻输入信息的控制，决定当前时刻网络输入 $\boldsymbol{x}_t$ 有多少信息保存到单元状态 $\boldsymbol{c}_t$ 中，该开关负责将当前时刻状态输入到单元状态 $\boldsymbol{c}_t$ 中；第三个开关"输出门"，实现对当前时刻单元状态 $\boldsymbol{c}_t$ 的控制，决定当前时刻单元状态 $\boldsymbol{c}_t$ 有多少信息传递到 LSTM 当前输出值 $\boldsymbol{h}_t$ 中，该开关负责决

策是否将单元状态 c_t 作为当前时刻的输出。

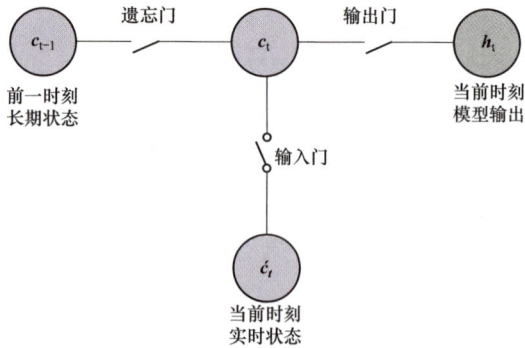

图 2-32　长短期记忆网络控制开关

　　遗忘门、输入门及输出门实际为全连接层结构，工作原理类似于神经元，其输出是一个 0～1 之间的实数向量。用门的输出向量按元素乘需要控制的向量，当此时刻门的值为 0 时，所有向量与 0 相乘结果显然为 **0** 向量，意味着信息无法继续往后一时刻传递；当门的值为 1 时，所有向量与 1 相乘都会得到原始值，表示信息能够继续传递下去。对于输入向量 x，权重向量 W，偏置项 b，门的输出值即可以表示为

$$g(x) = \sigma(Wx + b) \tag{2-3}$$

$$\sigma(x) = \frac{1}{1 + e^{-x}}$$

式中：σ 为 sigmoid 激活函数。

　　（1）遗忘门计算过程如图 2-33（a）所示，计算公式为

$$f_t = \sigma(W_f \cdot [h_{t-1}, x_t] + b_f) \tag{2-4}$$

式中：W_f 为遗忘门权重矩阵；$[h_{t-1}, x_t]$ 表示将两个向量拼接；b_f 是遗忘门偏置。

　　设输入层神经元数量为 d_x，隐含层神经元数量为 d_h，单元状态维度为 d_c，则遗忘门权重矩阵 W_f 维度是 $d_c \times (d_h + d_x)$。将 W_f 看成由 W_{fh} 和 W_{fx} 两个矩阵拼接而成的，则可得到

　车桩网协同互动关键技术及应用

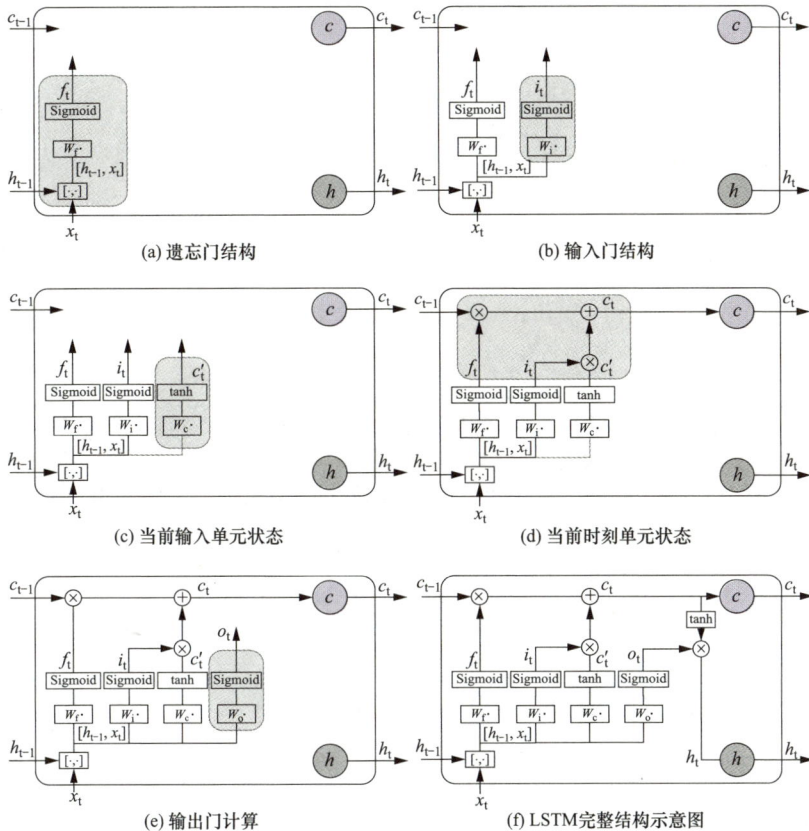

(a) 遗忘门结构   (b) 输入门结构

(c) 当前输入单元状态   (d) 当前时刻单元状态

(e) 输出门计算   (f) LSTM完整结构示意图

图 2-33　长短期记忆网络计算流程示意图

$$[\boldsymbol{W}_f]\begin{bmatrix}\boldsymbol{h}_{t-1}\\\boldsymbol{x}_t\end{bmatrix}=[\boldsymbol{W}_{fh}\quad \boldsymbol{W}_{fx}]\begin{bmatrix}\boldsymbol{h}_{t-1}\\\boldsymbol{x}_t\end{bmatrix}=\boldsymbol{W}_{fh}\boldsymbol{h}_{t-1}+\boldsymbol{W}_{fx}\boldsymbol{x}_t \qquad (2\text{-}5)$$

$\boldsymbol{W}_{fh}$ 对应输入项 $\boldsymbol{h}_{t-1}$，维度为 $d_c \times d_h$；$\boldsymbol{W}_{fx}$ 对应着输入项 $\boldsymbol{x}_t$，维度为 $d_c \times d_x$。

（2）输入门计算过程如图 2-33（b）所示，计算公式为

$$\boldsymbol{i}_t = \sigma(\boldsymbol{W}_i \cdot [\boldsymbol{h}_{t-1}, \boldsymbol{x}_t] + \boldsymbol{b}_i) \qquad (2\text{-}6)$$

式中：$\boldsymbol{W}_i$ 为输入门权重矩阵；$\boldsymbol{b}_i$ 为输入门偏置项。

（3）当前输入的单元状态 $\boldsymbol{c}_t'$ 由前一时刻输出 $\boldsymbol{h}_{t-1}$ 及当前时刻输入 $\boldsymbol{x}_t$ 计算，计算公式为

$$\boldsymbol{c}_t' = \tanh(\boldsymbol{W}_c \cdot [\boldsymbol{h}_{t-1}, \boldsymbol{x}_t] + \boldsymbol{b}_c) \qquad (2\text{-}7)$$

$$\tanh(x) = \frac{e^x - e^{-x}}{e^x + e^{-x}}$$

式中：W_c 为权重矩阵；b_i 为偏置项；tanh 为激活函数。

（4）当前时刻单元状态 c_t 由两部分组成，第一部分为前一时刻单元状态 c_{t-1} 按元素作用于遗忘门 f_t 获得的计算值，第二部分为当前时刻输入单元状态 c_t' 按元素作用于输入门 i_t 获得的计算值，将两部分相加即可获得当前时刻单元状态值，即

$$c_t' c_t = f_t \odot c_{t-1} + i_t \odot c_t' \tag{2-8}$$

此时，将当前记忆 c_t' 和长期记忆 c_{t-1} 相结合，形成新单元状态 c_t。通过遗忘门控制可保存远距离信息。同时，通过输入门控制，又避免了当前时刻无关紧要信息进入记忆。

（5）输出门控制长期记忆对当前输出的影响，即

$$o_t = \sigma(W_o \cdot [h_{t-1}, x_t] + b_o) \tag{2-9}$$

式中：W_o 为输出门权重矩阵；b_o 为输出门偏置项。

（6）LSTM 最终输出由输出门和单元状态共同确定的，即

$$h_t = o_t \odot \tanh(c_t) \tag{2-10}$$

2.3.3　GRU-DNN 深度神经网络预测技术

GRU（Gated Recurrent Unit）是基于 LSTM 的变体，在 seq2seq（sequence to sequence）的序列中替代 RNN 充当基本组件，其目的是为了能够保留长期序列的信息同时，减少梯度消失问题；替代 LSTM 充当组件，其作用在于每个隐层减少了几个矩阵相乘，大大加快了训练速度，因此，本章使用 GRU 作为时序预测神经网络，并使用多层感知器组成的 DNN 作为动静态特征神经网络，组合而成充电网格化预测组合神经网络模型。在循环神经网络中加入 GRU，以降低标准循环神经网络中的梯度消失概率，通过更新门和重置门去除和保留某一时间点数据的冗余信息和关键信息，实现序列中有效信息的长期保存，并提升收敛速率。

首先，构建基于多特征混合数据输入的组合神经网络模型，包括能够处理时序数据的循环神经网络和处理网格属性数据的多层感知器深度神经网络，将充电负荷历史时序数据、网格静态属性数据和网格动态属性数据作为输入，通过组合神经网络对输入数据进行计算并输出预测结果，参见图 2-34。

在循环神经网络的输入层输入历史时序数据组成的特征矩阵 $(k_1 \times T)$，其中，k_1 为充电负荷时序数据类别数，T 为数据采集时刻数，在多层感知器深度神经网络的输入层输入网格静态属性数据和网格动态属性数据的特征向量相互融合组成的网格属性参数特征矩阵 $(k_2 \times 1)$。

在具体应用中，门控循环神经网络包含前述的输入层和门控层、输出层，能够较好地捕捉时间序列中时间步距离较大的依赖关系，通过可以学习的门控层来控制信息的流动，所述门控层包含更新门、重置门，所述更新门用于决策前一时间步和当前时间步的信息传递部分，所述重置门用于决策前一时间步和当前时间步的信息丢弃部分，所述全连接层用于处理由门控层输出的信息，所述输出层将时序数据的预测结果进行输出。

门控循环神经网络的工作方法。将充电负荷历史时序数据在输入层中进行输入后，门控层的输出结果为

$$h_t^n = F_{GRU}(x_t^{n-1}, h_{t-1}^n) \tag{2-11}$$

式中：n 为门控层的层数；h_t^n 为第 n 层门控层中第 t 个充电时间步的神经元输出值；F_{GRU} 为门控层处理函数；x_t^{n-1} 为第 $n-1$ 层在 t 时刻的输入结果。

若在第 1 层，x^{n-1} 为充电负荷时序数据，在 2~n 层则为上一层神经元输出值。门控层处理函数首先使用更新门对输入值进行处理，即

$$z_t^n = \sigma[W^{(z)} x_t^{n-1} + U^{(z)} h_{t-1}^n] \tag{2-12}$$

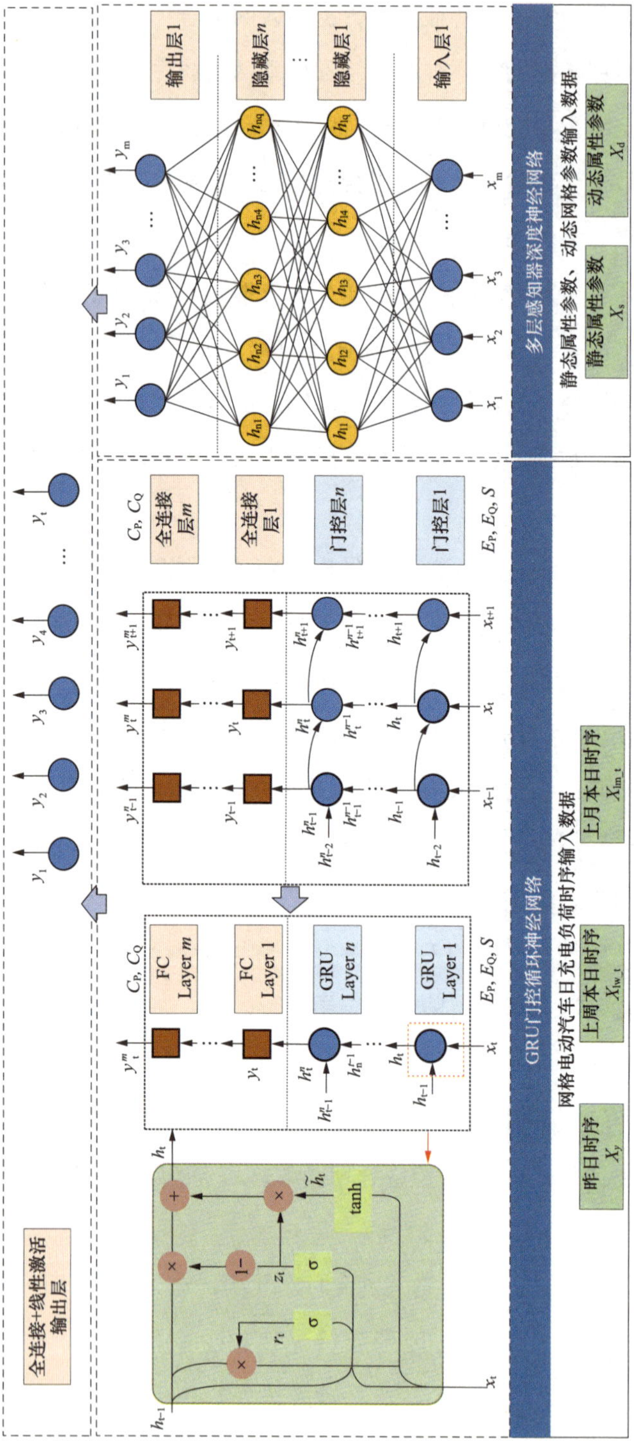

图 2-34 GRU-DNN 组合神经网络预测方法

式中：z_t^n 是第 n 层门控层中第 t 个时间步的更新门输出结果；σ 为 sigmoid 激活函数；$W^{(z)}$ 为 x_t^{n-1} 的更新门输入权重向量；$U^{(z)}$ 为 h_{t-1}^n 的更新门传输权重向量。

更新门处理后，再使用重置门对输入值进行处理，即

$$r_t^n = \sigma[W^{(r)} x_t^{n-1} + U^{(r)} h_{t-1}^n] \tag{2-13}$$

式中：r_t^n 是第 n 层门控层中第 t 个充电时间步的重置门输出结果；$W^{(r)}$ 为 x_t^{n-1} 的重置门输入权重向量；$U^{(r)}$ 为 h_{t-1}^n 的更新门传输权重向量。

重置门处理后，对当前时刻以前的数据片段中有用与无用的信息进行保留与遗忘，即

$$d_t^n = \tanh[W^{(d)} x_t^{n-1} + r_t^{n-1} \odot U^{(d)} h_{t-1}^n] \tag{2-14}$$

式中：d_t^n 是存储结果；tanh 是双曲正切激活函数；$\odot$ 是 Hadamard 乘积。

这一步将衡量门控开启的大小，对前述重置门中计算的 0~1 组成的向量进行处理，将门控值较低的元素信息遗忘。最后，结合前一充电时间步的信息，将保留的信息传递到下一单元中，即

$$h_t^n = z_t^n \odot h_{t-1}^n + (1 - z_t^n) \odot d_t^n \tag{2-15}$$

式中，更新门的输出结果以门控的方式控制了信息的流入，表示前一充电时间步保留到最后的信息，该信息加上当前充电时间步保留至最终记忆的信息就等于最终门控循环单元输出的内容。

将门控循环神经网络和多层感知器深度神经网络的时序输出结果与属性的输出结果用全连接层神经网络进行融合，设置充电负荷预测模型的损失函数，在模型训练过程中，对训练数据进行交叉处理，并将当前组合神经网络的损失函数计算值与设定的阈值进行比较，通过前向传播和后向传播，不断根据损失函数的计算结果更新权重值和偏重值。

将网格静态属性数据和网格动态属性数据的特征向量相互融

合，组成的网格属性特征矩阵（$k_2 \times 1$）与门控循环神经网络输出的充电负荷时序特征矩阵（$T \times 1$）输入多层感知器神经网络，其中，k_2 为网格属性数据特征的个数。前向传播过程中利用若干个权重系数矩阵和偏置向量对输入向量进行一系列线性运算和激活运算，即

$$y_b^m = \sigma \left(\sum_{b=1}^{B} W_b^m h_b^{m-1} + \theta_b^m \right) \tag{2-16}$$

式中：m 为全连接层的层数；y_b^m 为第 m 层全连接层中第 b 个充电负荷预测神经元输出值；W_t^m 为 θ_t^m 分别为第 m 层中第 b 个充电负荷预测神经元的权重值和偏置值。

根据数据样本的大小确定门控层和全连接层的层数，其中，每个门控层的神经元个数为时间步个数 k_1，每个全连接层的神经元个数设置应不小于输入特征数 $k_1 + k_2$，并设置学习率、迭代次数等训练参数。

通过多次迭代计算，获取组合神经网络与全连接层神经网络的参数，构建城市网格电动汽车充电负荷预测网络结构，实现多特征混合数据输入下的城市网格电动汽车充电负荷预测。

具体的设置损失函数，使用前向传播计算训练充电负荷预测值，度量训练样本计算出的充电负荷预测值和真实的充电负荷真实值之间的损失。通过对损失函数采用梯度下降法进行迭代优化求极小值，不断优化合适的全连接层和输出层对应的线性权重系数矩阵 $W^M = [W^1, W^2, \cdots, W^m]$ 和偏置系数矩阵 $\theta^M = [\theta^1, \theta^2, \cdots, \theta^m]$，让训练样本所预测的充电负荷尽可能接近真实充电负荷。使用均方差 MSE 来度量损失情况，对于每一个充电负荷预测样本，期望最小化运算为

$$J(W, \theta, h, y) = \frac{1}{2} \| \sigma(W^m h^{m-1} + \theta^m) - y \|_2^2 \tag{2-17}$$

式中：y 为训练样本的真实充电负荷值。

通过损失函数可以利用梯度下降迭代法求解多层感知器深度神经网络第 m 层的 $\mathbf{W}$ 和 $\boldsymbol{\theta}$。在满足损失函数的收敛条件后，所训练出的组合神经网络可基于多特征混合数据输入对城市网格电动汽车充电负荷进行预测。

2.3.4   迁移学习小样本预测技术

本章采用迁移学习算法，通过将数据充足的网格化充电负荷的预训练模型迁移至与之具有相似特征的其余网格，不仅能避免数据短缺的问题、提升预测精度，还能显著提高模型的训练速度，非常适合城市功能网格电动汽车充电负荷预测的应用场景。由于城市不同功能网格数量众多，对每一个电动汽车充电网格进行预测模型的搭建将大大降低预测效率。且有些充电站存在建成与运营时间较短、数据资料不足的问题，功率预测精度难以保证，将影响后续规划研究，因此本章引入在电动汽车网格化充电负荷神深度神经网络的基础上引入迁移学习理论，对电动汽车网格化充电负荷进行功率预测。

迁移学习是一种允许对现有模型进行微调，以应用于新领域或新功能的机器学习思想。在迁移学习中，数据域分为源域和目标域，通常在数据量充足的源域对模型预训练，在数据量较小的目标域微调预训练模型，以充分利用源域数据提高模型其在目标数据上的性能。可以将迁移学习的基本思想以式（2-18）表示，其中 D_s 和 D_t 分别表示源域和目标域的数据空间，X_s 和 X_t 分别表示源域和目标域数据空间的特征，T_s 和 T_t 分别表示对应的标签，即

$$\begin{cases} D_s = \{X_s, T_s\} \\ D_t = \{X_t, T_t\} \end{cases} \tag{2-18}$$

源域和目标域的任务是在合适的映射函数 f_s 和 f_t 中寻找对应映

射函数的最优参数 ω_s 和 ω_t，使预测值 P_s 和 P_t 尽可能接近标签 T_s 和 T_t。迁移学习则是在源域模型参数 ω_s 的基础上微调，使目标域参数尽可能接近最优目标域参数。

$$\begin{cases} P_s = f_s\{X_s, T_s\} \\ P_t = f_t\{X_t, T_t\} \end{cases} \tag{2-19}$$

迁移学习可以在数据质量较高的充电站中提取出相似网格功能下的充电负荷预测模型特征，再对目标域充电站预测模型进行粗略"画像"及参数微调，从而实现源域向目标域的特征转移。在选定一个或多个充电站作为源域后，对一定范围内的多个目标域充电站进行迁移学习，能实现充电站功率预测模型的快速大批量迁移。针对一些建成时间较短、数据资料较少的充电站，运用迁移学习进行功率预测模型的搭建，能快速学习到相似场景下预测模型的公共特征，有效弥补数据匮乏带来的功率预测精度不足的问题。

运用 GRU-DNN 进行功率预测数据建模后，实现从源域向目标域的迁移学习。首先充分提取源域优质数据中的负荷-序列特征与负荷-网格特征，以预测误差均方根误差（Root Mean Square Error，RMSE）最小为优化目标，建立源域预测模型，计算公式如下

$$RMSE = \sqrt{\frac{1}{m} \sum_{t=1}^{m} (\hat{P}_i - P_i)^2} \tag{2-20}$$

式中：m 为预测样本数量；P_i 为充电负荷真实值（观测值）。

其次，确定 GRU 网络和 DNN 网络中需要重新训练的层结构。由于网格特征数据提取的信息特征相对于充电负荷更加明显，而前几层序列数据的信息较为通用，因此将前几层的 GRU 作参数固定，仅作微调，而对全连接层的参数进行重新训练，以预测误差 RMSE 最小为优化目标，即可得到目标域的预测模型。迁移学习充电负荷预测模型如图 2-35 所示。

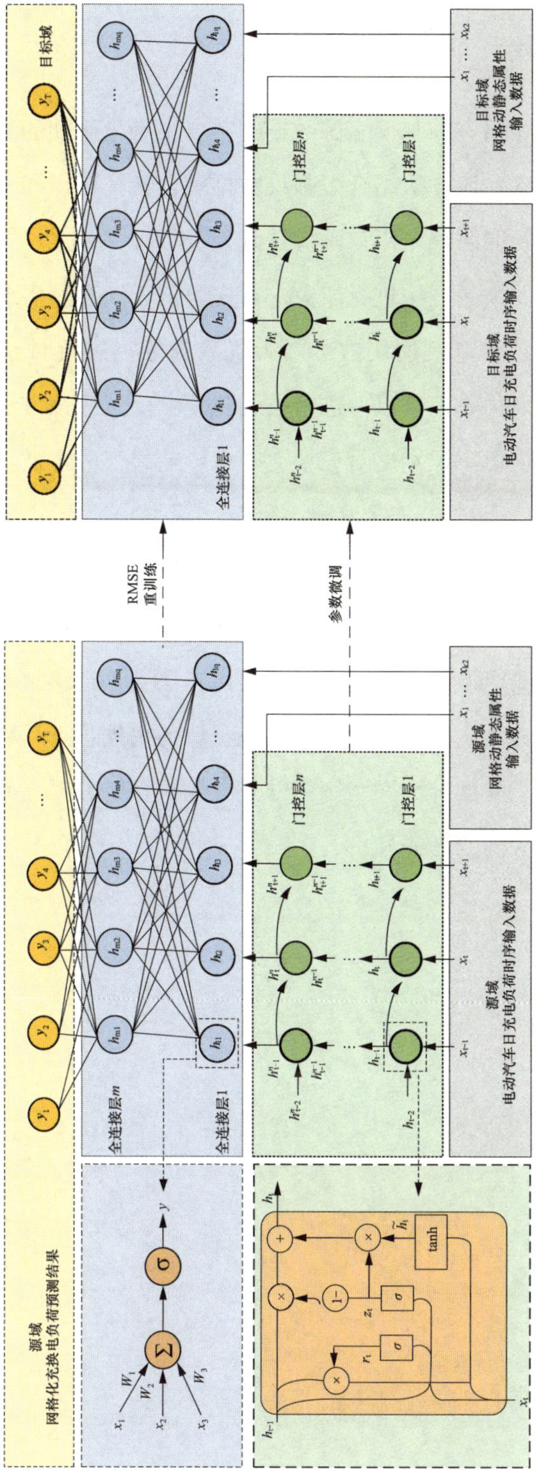

图 2-35 迁移学习充电负荷预测模型

2.4 本章小结

本章主要介绍一种基于多源数据时空多维融合感知的充换电需求网格化预测方法，该方法结合了多维数据融合特征辨识和充电行为溯因分析，以及新能源汽车用户画像及溯因分析，并且采用迁移学习和深度神经网络的预测方法进行研究。首先，该方法利用多源数据（如车辆轨迹数据、充电桩使用数据、天气数据等）进行时空多维度感知，将数据网格化处理，以便进行精细化预测。然后该方法运用多维数据融合特征辨识，识别出对充换电需求影响最大的特征，以提高预测精度。同时，通过充电行为溯因分析，识别出充电需求的潜在因素，并将其纳入预测模型中。此外，该方法还采用新能源汽车用户画像及溯因分析，深入探讨用户特征对充换电需求的影响，并结合用户画像信息对预测模型进行优化。最后，该方法引入迁移学习和深度神经网络的预测方法，将预测模型与其他领域的数据进行迁移学习，以提高预测精度。深度神经网络则能够充分挖掘多维数据之间的复杂关系，从而提高预测的准确性。

第3章　车桩网协同的充电设施规划技术

21世纪以来，传统能源危机与环境污染等问题成为世界上所有国家共同面临的挑战，改善能源消费结构、提高能源利用效率已成为我国经济和能源实现可持续绿色发展的必然趋势。国家先后出台了多项文件政策来大力支持电动汽车相关产业的发展。国务院出台了《关于"十三五"新能源汽车充电基础设施奖励政策及加强新能源汽车推广应用的通知》以制定电动汽车产业发展规划，营造健康的电动汽车推广应用环境。习近平总书记强调，发展新能源汽车是我国从汽车大国向汽车强国迈进的必由之路。2022年4月，国家能源局印发了《"十四五"能源领域科技创新规划》，大力支持电动汽车与智能电网进行能量流和信息流的双向交互，鼓励电动汽车主动参与电力系统的调峰调频。

同时，伴随着新一代移动通信技术与人车桩网一体化平台的飞速发展，电力系统不再是传统的封闭的能源终端网络，而是一个信息流与能量流多向互联互通、各个环节高度协同配合、开放的智慧能源网络系统。依赖于通信与控制技术融合的现代电力服务平台，电动汽车服务商与配电网运营商等能够实时监管交通网络中各个电动汽车的运行状态，并基于合适的服务目标对电动汽车的充放电行为进行有序引导。电动汽车—主动配电网互联互通将不再仅仅是传统时间维度上的基于固定场所的有序充电行为，而是时间空间多维度的双向协同互动，其交互的深度与广度均发生着显著的改变。碳中和远景下，在充电设施规划模型中考虑电动汽车时间—空间双维度有序调度问题，综合挖掘静态交通基础设施的充电服务潜力，探索分布式电源与充电设施协同规划方法，将进一步有助于建设低碳清洁、以电为核心的城市交通清洁能源体系。因此，寻求电动汽车与主动配电网之间多维度的双向互动，积极推进电动汽车充电设施的科学合理配置，研究在车—网深度交互场景下电动汽车充电设施的规划问题，对促进充电设施网络建设具有重要的意义。

本章对车桩网协同的充电设施规划技术展开介绍，依次介绍了车桩网协同建模方法、充电设施协同规划方法、充电设施多阶段规划方法。

3.1 车桩网协同建模方法

3.1.1 电动汽车模型

我国电动汽车的常见类型包括私家车、出租车、公交车、公务车等，不同类型的电动汽车表现出不同的充电行为特征。由于公交车运行时间、出行路线相对固定，所以一般在停车场建设有集中式的电动汽车充电站；公务车在没有执行任务时，即可进行充电，而且公务车一般需停靠在指定地点进行充电活动；出租车运营时间较长，对快速充电模式有更强烈的需求，而且和公交车类似，一般车主会到有集中充电服务的大型公共充电站进行充电；私家车主要用于电动汽车用户上下班以及日常出行等活动，其可能的充电地点主要包括办公区停车场、住宅区停车场、商业区停车场等。由于私家车的充电行为最为复杂且最具代表性，因此本节主要以私家车电动汽车作为研究对象，介绍其充电负荷的建模过程。

私家车电动汽车的充电行为具有两个显著特点：第一，城市电动汽车一般更偏向在出行的目的地进行充电，即基于目的地的充电模式，在该充电模式下，用户能够选择按照既定的日程进行工作或者娱乐等行为；第二，用户在电动汽车停留时间段内倾向于能够充得足够多的电量，从而缓解电池电量不足带来的"续航焦虑"。同时，该充电模式也为技术人员带来了更多可以调控的空间，当电动汽车用户有足够长的停留时间，在保证电动汽车能够充满电的前提下，可以通过

V2G 技术合理调配电动汽车的充电时间或者使电动汽车作为即时电源向电网反馈电能。

本节基于在商业区、办公区、住宅区采集到的电动汽车泊车行为历史数据，进而拟合出各种场所内电动汽车的到达数量和停留时间分布曲线，以此表征电动汽车用户在不同典型日内不同区域的充电行为。以某一时间断面停留或到达的电动汽车数量与该日电动汽车总数的比值作为电动汽车停留或到达某时间断面所对应的概率，电动汽车泊车行为分布曲线如图 3-1 所示。以该区域最大停车数量为基值，使用标幺值来表示任意时间长度到达或停留的电动汽车数量，如图 3-2 所示。

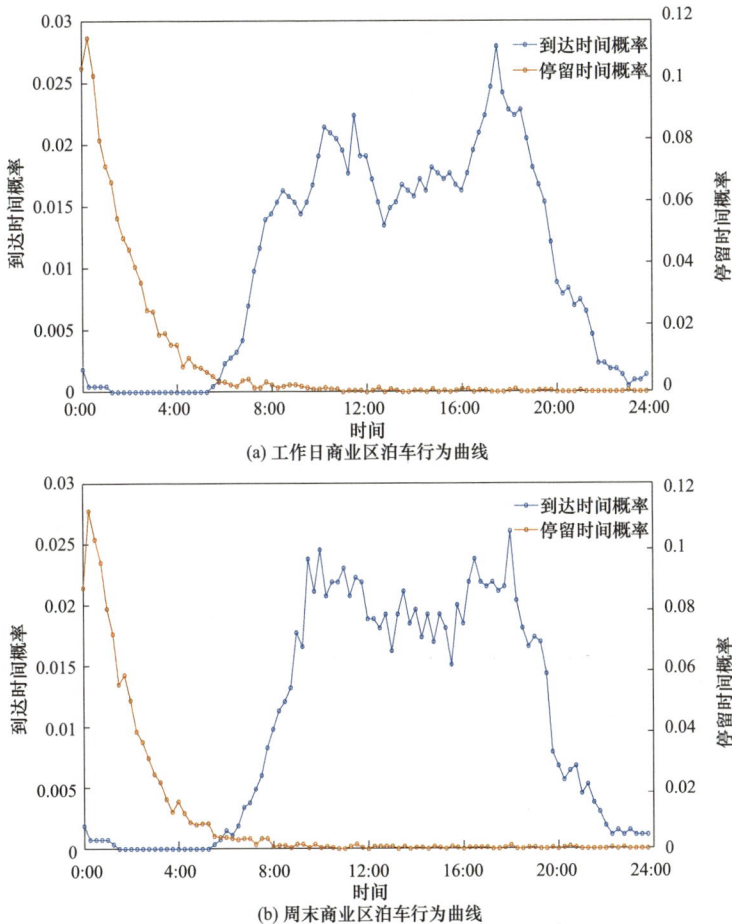

(a) 工作日商业区泊车行为曲线

(b) 周末商业区泊车行为曲线

图 3-1 电动汽车泊车行为曲线（一）

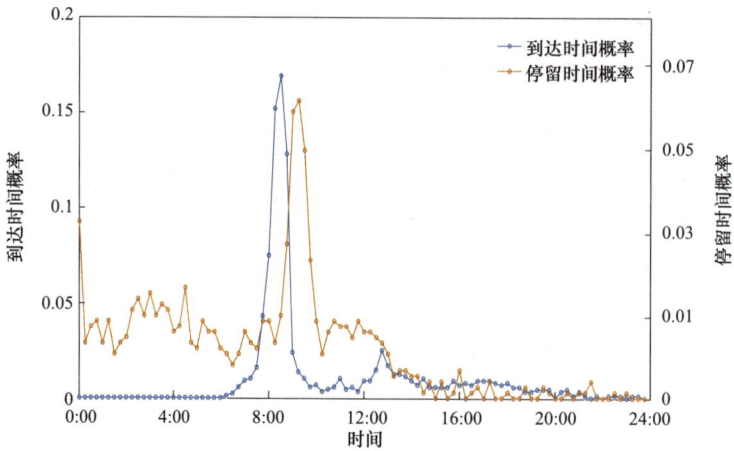

(c) 工作日办公区泊车行为曲线

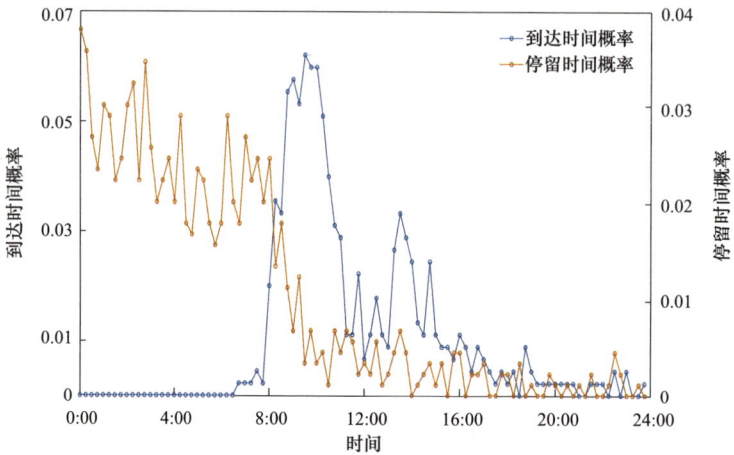

(d) 周末办公区泊车行为曲线

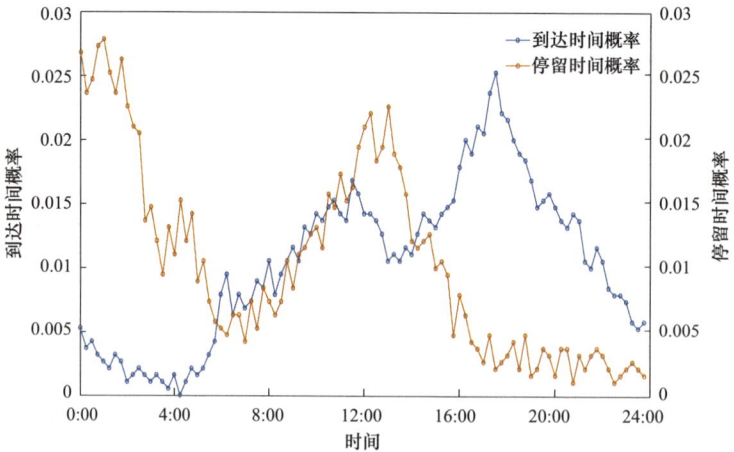

(e) 工作日住宅区泊车行为曲线

图 3-1　电动汽车泊车行为曲线（二）

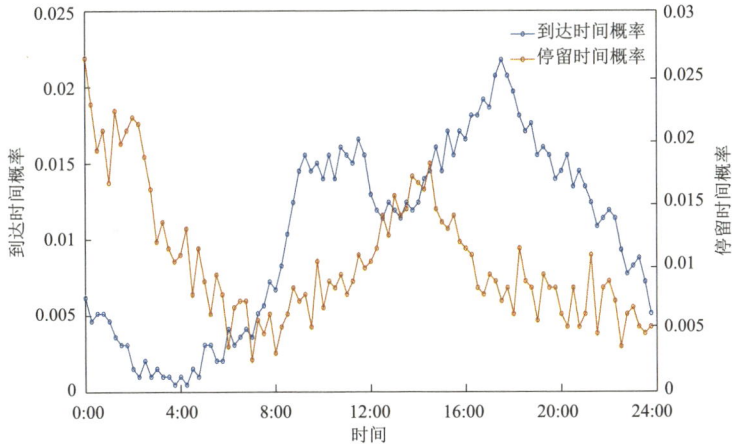

(f) 周末住宅区泊车行为曲线

图 3-1　电动汽车泊车行为曲线（三）

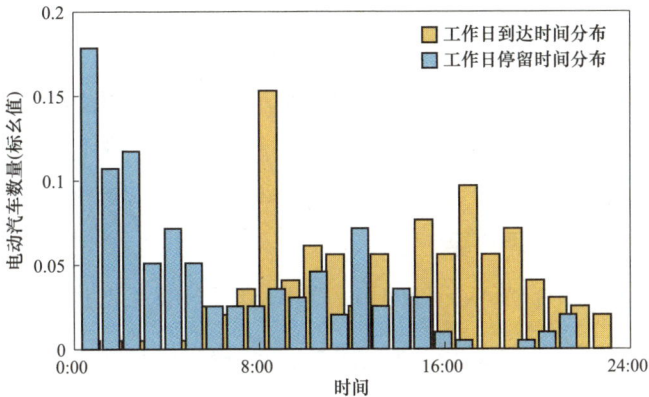

(a) 工作日电动汽车泊车时间分布

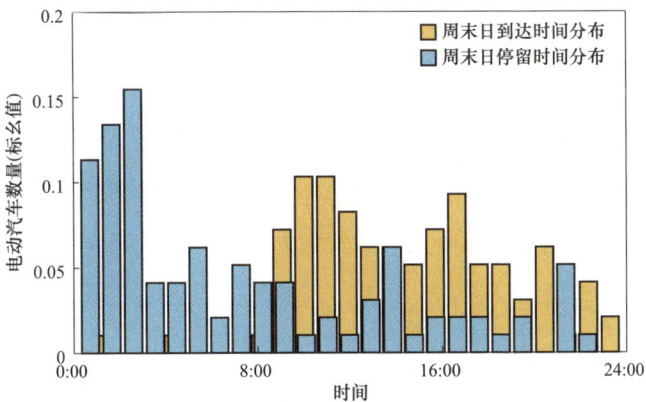

(b) 周末日电动汽车泊车时间分布

图 3-2　电动汽车泊车数量分布曲线

假设每辆电动汽车的荷电状态均满足 [0，1] 均匀分布，给到达目的地的每辆电动汽车随机生成该车辆电池的荷电状态，并计算出该辆电动汽车的需求充电电量，即

$$C_{ev,k} = C_{rated,k} \cdot (1 - SOC_k) \tag{3-1}$$

式中：$C_{ev,k}$ 表示车辆 k 的需求充电电量；$C_{rated,k}$ 表示车辆 k 的额定电池容量；SOC_k 表示车辆 k 到达目的地时的荷电状态。

基于以上得到的电动汽车到达数量和停留时长的分布曲线以及每一辆电动汽车的荷电状态情况，可以合理生成计及春夏秋冬、工作日与周末典型日规划区域内电动汽车充电负荷的分布状况，得到每辆电动汽车的到达时间、停留时长、离开时间、荷电状态等信息。

3.1.2 充电站模型

将具有双向充放电（V2G）功能的充电桩应用到本小节的充电站模型当中，充电站模型如下所示

$$N_{CF,j} = \sum_{i \in \Omega_j^{bus}} \sum_{k \in \Omega_i^{EV}} (A_{i,k}^{ch} + A_{i,k}^{disch}) \cdot B_{i,k,j} \quad \forall j \in \Omega_{CF} \tag{3-2}$$

式中：$A_{i,k}^{ch}$ 为来自节点 i 处的第 k 辆电动汽车的充电状态；$A_{i,k}^{disch}$ 为来自节点 i 处的第 k 辆电动汽车的放电状态；$B_{i,k,j}$ 表示在节点 j 处的第 k 辆车在节点 j 处充电站的停车状态；N_j^{CF} 表示在节点 j 处的充电站安装的充电桩数量；Ω_j^{bus} 表示在节点 j 处的充电站服务区域内所有节点的集合；Ω_i^{EV} 表示在节点 i 处的电动汽车集合；Ω_{CF} 表示所有充电站所在节点的集合。

对于每一辆无论是正在充电还是正在放电的电动汽车都会占用一个充电桩，因此，每一个充电站安装的充电桩数量都应满足电动汽车用户的充电需求。

3.1.3 配电网模型

本节将基于 IEEE-33 节点配电系统进行配电网模型的搭建，配电网的节点及线路参数如表 3-1 及表 3-2 所示。

节点号	有功功率	无功功率	节点号	有功功率	无功功率	节点号	有功功率	无功功率	节点号	有功功率	无功功率
1	0	0	10	0.006	0.002	19	0.009	0.004	28	0.006	0.002
2	0.01	0.006	11	0.0045	0.003	20	0.009	0.004	29	0.012	0.007
3	0.009	0.004	12	0.006	0.0035	21	0.009	0.004	30	0.02	0.06
4	0.012	0.008	13	0.006	0.0035	22	0.009	0.004	31	0.015	0.007
5	0.006	0.003	14	0.012	0.008	23	0.009	0.005	32	0.021	0.01
6	0.006	0.002	15	0.006	0.001	24	0.042	0.02	33	0.006	0.004
7	0.02	0.01	16	0.006	0.002	25	0.042	0.02			
8	0.02	0.01	17	0.006	0.002	26	0.006	0.0025			
9	0.006	0.002	18	0.009	0.004	27	0.006	0.0025			

线路编号	起始节点	终止节点	串联电阻	串联电抗	线路编号	起始节点	终止节点	串联电阻	串联电抗
1	1	2	0.0058	0.0029	17	17	18	0.0457	0.0358
2	2	3	0.0308	0.0157	18	2	19	0.0102	0.0098
3	3	4	0.0228	0.0116	19	19	20	0.0939	0.0846
4	4	5	0.0238	0.0121	20	20	21	0.0255	0.0298
5	5	6	0.0511	0.0441	21	21	22	0.0442	0.0585
6	6	7	0.0117	0.0386	22	3	23	0.0282	0.0192
7	7	8	0.0444	0.0147	23	23	24	0.0560	0.0442
8	8	9	0.0643	0.0462	24	24	25	0.0559	0.0437
9	9	10	0.0651	0.0462	25	6	26	0.0127	0.0065
10	10	11	0.0123	0.0041	26	26	27	0.0177	0.0090
11	11	12	0.0234	0.0077	27	27	28	0.0661	0.0583
12	12	13	0.0916	0.0721	28	28	29	0.0502	0.0437
13	13	14	0.0338	0.0445	29	29	30	0.0317	0.0161
14	14	15	0.0369	0.0328	30	30	31	0.0608	0.0601
15	15	16	0.0466	0.0340	31	31	32	0.0194	0.0226
16	16	17	0.0804	0.1074	32	32	33	0.0213	0.0331

下面介绍配电网模型。

（1）配电网潮流方程。计算公式为

$$\sum_{i \in v(j)} (P_{ij} - I_{ij}^2 \cdot R_{ij}) = \sum_{l \in u(j)} (P_{jl} + P_{t,j}^{Load}) \quad \forall ij \in \Omega_L \quad \forall j \in \Omega_N$$

$$(3\text{-}3)$$

$$\sum_{i \in v(j)} (Q_{ij} - I_{ij}^2 \cdot R_{ij}) = \sum_{l \in u(j)} (Q_{ij} + Q_j^{Load}) \quad \forall ij \in \Omega_L \quad \forall j \in \Omega_N$$

$$(3\text{-}4)$$

$$U_j^2 = U_i^2 - 2 \cdot (P_{ij} \cdot R_{ij} + Q_{ij} \cdot X_{ij}) + I_{ij}^2 \cdot (R_{ij}^2 + X_{ij}^2)$$

$$\forall ij \in \Omega_L \quad \forall i,j \in \Omega_N \qquad (3\text{-}5)$$

$$I_{ij}^2 = \frac{P_{ij}^2 + Q_{ij}^2}{U_i^2} \quad \forall ij \in \Omega_L \quad \forall i \in \Omega_N \qquad (3\text{-}6)$$

式中：P_{ij} 表示流过支路 ij 的有功功率；Q_{ij} 表示支路 ij 的无功功率；I_{ij} 表示流过支路 ij 的电流；$v(j)$ 表示上游节点的集合；$u(j)$ 表示下游节点的集合；U_i 表示节点 i 处的电压；R_{ij} 表示支路 ij 的电阻；X_{ij} 表示支路 ij 的电抗。

（2）配电网安全性约束方程。计算公式如下

$$-I_{max} \leqslant I_{ij} \leqslant I_{max} \quad \forall ij \in \Omega_L \qquad (3\text{-}7)$$

$$U_{min} \leqslant U_i \leqslant U_{max} \quad \forall i \in \Omega_N \qquad (3\text{-}8)$$

式中：I_{min}、I_{max} 分别为支路电流幅值的下限、上限；U_{min}、U_{max} 分别为节点电压幅值的下限、上限。

3.1.4　分布式电源模型

1. 光伏出力建模

太阳能光伏发电是依据伏特效应实现太阳能向电能的转化。通过把单个的容量较小的光伏电池串并联构成光伏模块，然后基于模块封装技术和模块间的串并联构成更大容量的光伏阵列，经过光伏逆变器、变压器一系列升降压逆变操作后接入配电网，实现分布式光伏发电，从而能够匹配多样化用电场景的电力需求。

为表示目标规划区域内太阳光照强度的时序性，本节基于一组典型的太阳光照强度分布曲线，将一天 24h 以 15min 为时间刻度进行

划分，以一年中最大太阳光照强度作为基值，使用标幺值来表征一年四季春夏秋冬不同时刻的太阳光照强度，如图3-3所示。

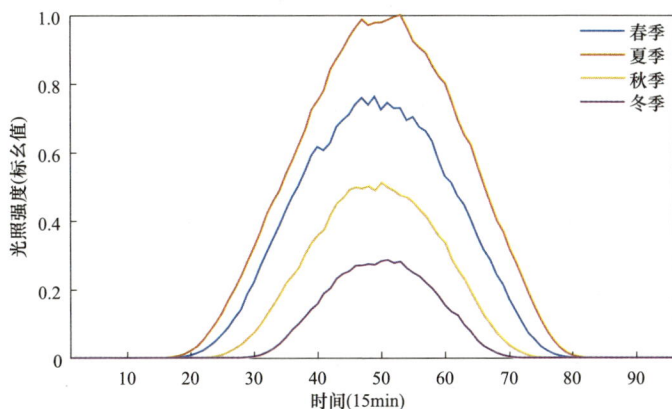

图 3-3　基于历史数据拟合的光照强度分布曲线

不考虑环境湿度、太阳光照角度、温度等间接影响因素，光伏模块有功功率和太阳光照强度间的关系可由式（3-9）进行表征

$$P_s = \begin{cases} \dfrac{P_{s,\mathrm{rated}} \cdot s}{s_{\mathrm{rated}}} & (0 \leqslant s \leqslant s_{\mathrm{rated}}) \\ P_{s,\mathrm{rated}} & (s > s_{\mathrm{rated}}) \end{cases} \tag{3-9}$$

式中：P_s 为太阳光照强度 s 对应的光伏模块有功功率出力；$P_{s,\mathrm{rated}}$ 为该光伏模块的额定有功功率；s_{rated} 为额定太阳光照强度。

一般认为基于 PV-STATCOM 技术光伏电站输出的无功功率是在一定区间内可控的，其在某个时刻的无功功率输出主要受配电系统服务商的调度策略和光伏逆变器容量大小两个因素的影响。由于光伏电站有功功率的输出优先等级远大于无功功率，故可以认为光伏电站无功功率的输出上限受到太阳光照强度较弱时导致空余的逆变器容量的限制，如式（3-10）所示。

$$|Q_s| \leqslant \sqrt{S_{s,\mathrm{rated}}^2 - P_s^2} \tag{3-10}$$

式中：Q_s 表示光伏电站在 s 太阳光照强度下的无功功率；$S_{s,\mathrm{rated}}$ 表示光伏逆变器的容量。

2. 燃气轮机出力建模

计及燃气轮机机组容量的客观限制，微型燃气轮机实际出力的可调节范围如式（3-11）和式（3-12）所示。

$$0 \leqslant P_{MT} \leqslant S_{MT,rated} \tag{3-11}$$

$$-\sqrt{S_{MT,rated}^2 - P_{MT}^2} \leqslant Q_{MT} \leqslant \sqrt{S_{MT,rated}^2 - P_{MT}^2} \tag{3-12}$$

式中：P_{MT}、Q_{MT} 分别表示微型燃气轮机的有功和无功出力；$S_{MT,rated}$ 表示微型燃气轮机的装机容量。

3.2 充电设施协同规划方法

3.2.1 优化模型

1. 目标函数

电动汽车充电设施与分布式电源规划问题涉及多方利益主体，如充电设施投资商、电动汽车用户、供电公司等。本节从社会规划者的角度全面考虑了多元主体的利益，具体的目标函数表达式如式（3-13）所示。

$$\min \quad C = C^I + C^M + C^T + C^E + C^L + C^{CL} + C^B + C^{F\&E} \tag{3-13}$$

式中：C^I 为年化建设投资成本；C^M 为年化运行维护成本；C^T 为空间调度额外交通成本；C^E 为向上级电网购电成本；C^L 为网络损耗成本；C^{CL} 为电动汽车充放电损耗成本；C^B 为电池退化损耗成本；$C^{F\&E}$ 为燃气轮机燃料成本以及 CO_2 排放成本。

将一年 365 天近似认为由春、夏、秋、冬四个季节的 65.25 个工作日、26 个周末日组成，具体每项成本的表达式如下。

（1）年化建设投资成本，计算公式为

$$C^I = R_{CF} \cdot \sum_{i=1}^{N_{bus}} (c_{CF}^I \cdot N_i^{CF}) + R_{PV} \cdot \sum_{i=1}^{N_{bus}} (c_{PV}^I \cdot S_{PV,i}^{rated})$$

$$+ R_{MT} \cdot \sum_{i=1}^{N_{bus}} (c_{MT}^I \cdot S_{MT,i}^{rated}) \tag{3-14}$$

$$R_{CF} = d \cdot (1+d)^{y_{CF}} / [(1+d)^{y_{CF}} - 1] \tag{3-15}$$

$$R_{PV} = d \cdot (1+d)^{y_{PV}} / [(1+d)^{y_{PV}} - 1] \qquad (3\text{-}16)$$

$$R_{MT} = d \cdot (1+d)^{y_{MT}} / [(1+d)^{y_{MT}} - 1] \qquad (3\text{-}17)$$

式中：R_{CF}、R_{PV}、R_{MT} 分别表示充电桩、光伏、燃气轮机的年投资成本系数；c_{CF}^I、c_{PV}^I、c_{MT}^I 分别表示充电桩、光伏、燃气轮机的单位投资成本；N_i^{CF} 表示在节点 i 安装的充电桩数量；$S_{PV,i}^{rated}$、$S_{MT,i}^{rated}$ 分别表示在节点 i 安装的光伏、燃气轮机的容量；d 表示折现率；y_{CF}、y_{PV}、y_{MT} 分别表示充电桩、光伏、燃气轮机的经济寿命周期。

（2）年化系统运行维护成本计算公式为

$$C^M = a \cdot \sum_{s=1}^{4} \sum_{t=1}^{96} \sum_{i=1}^{N_{bus}} \left[(c_{PV}^{O\&M} \cdot P_{PV,s,t,i}^{WO} + c_{MT}^{O\&M} \cdot P_{MT,s,t,i}^{WO}) \cdot \Delta t \right]$$

$$+ b \cdot \sum_{s=1}^{4} \sum_{t=1}^{96} \sum_{i=1}^{N_{bus}} \left[(c_{PV}^{O\&M} \cdot P_{PV,s,t,i}^{WD} + c_{MT}^{O\&M} \cdot P_{MT,s,t,i}^{WD}) \cdot \Delta t \right]$$

$$+ \sum_{i=1}^{N_{bus}} (c_{CF}^{O\&M} \cdot N_i^{CF}) \qquad (3\text{-}18)$$

式中：$c_{PV}^{O\&M}$、$c_{MT}^{O\&M}$、$c_{CF}^{O\&M}$ 分别表示光伏、燃气轮机、充电桩的单位运维成本；$P_{PV,s,t,i}^{WO}$、$P_{MT,s,t,i}^{WO}$ 分别表示光伏、燃气轮机工作日在季节 s 时刻 t 节点 i 的出力功率；$P_{PV,s,t,i}^{WD}$、$P_{MT,s,t,i}^{WD}$ 分别表示光伏、燃气轮机周末日在季节 s 时刻 t 节点 i 的出力功率；N_{bus} 表示系统所有节点集合；a 表示春、夏、秋、冬四个季节的 65.25 个工作日；b 表示春、夏、秋、冬四个季节的 26 个周末日。

（3）额外交通成本计算公式为

$$C^T = a \cdot \sum_{s=1}^{4} \sum_{i=1}^{N_{bus}} \sum_{k=1}^{N_{s,i}^{ar,WO}} \sum_{j \in \Omega_{CF}} (c^T \cdot B_{s,i,k,j}^{WO} \cdot d_{ij})$$

$$+ b \cdot \sum_{s=1}^{4} \sum_{i=1}^{N_{bus}} \sum_{k=1}^{N_{s,i}^{ar,WD}} \sum_{j \in \Omega_{CF}} (c^T \cdot B_{s,i,k,j}^{WD} \cdot d_{ij}) \qquad (3\text{-}19)$$

式中：$N_{s,i}^{ar,WO}$、$N_{s,i}^{ar,WD}$ 分别表示工作日和周末日在季节 s 到达节点 i 的总电动汽车数量；c^T 表示单位行驶交通距离成本；$B_{s,i,k,j}^{WO}$、$B_{s,i,k,j}^{WD}$ 是两个 0~1 变量，用来分别表示在节点 i 的车辆 k 在工作日、周末日引导至充电站节点 j 的充电情况，若为 1，则表示被引导在该充电站充电，否则，值为 0；d_{ij} 表示节点 i 到充电站节点 j 的距离。

（4）向上级电网购电成本计算公式为

$$C^E = a \cdot \sum_{s=1}^{4} \sum_{t=1}^{96} \sum_{i \in \Omega_s} \sum_{j \in u(i)} (c^E \cdot P^{WO}_{s,t,ij} \cdot \Delta t)$$
$$+ b \cdot \sum_{s=1}^{4} \sum_{t=1}^{96} \sum_{i \in \Omega_s} \sum_{j \in u(i)} (c^E \cdot P^{WD}_{s,t,ij} \cdot \Delta t) \qquad (3\text{-}20)$$

式中：c^E 表示从上级电网单位购电成本；$P^{WO}_{s,t,ij}$、$P^{WD}_{s,t,ij}$ 分别表示工作典型日、周末典型日在季节 s 时刻 t 流过支路 ij 功率；Ω_s 表示根节点集合。

（5）网络损耗成本计算公式为

$$C^L = a \cdot \sum_{s=1}^{4} \sum_{t=1}^{96} \sum_{i=1}^{N_{bus}} \sum_{j \in u(i)} (c^L \cdot I^{sqr,WO}_{s,t,ij} \cdot R_{ij} \cdot \Delta t)$$
$$+ b \cdot \sum_{s=1}^{4} \sum_{t=1}^{96} \sum_{i=1}^{N_{bus}} \sum_{j \in u(i)} (c^L \cdot I^{sqr,WD}_{s,t,ij} \cdot R_{ij} \cdot \Delta t) \qquad (3\text{-}21)$$

式中：c^L 表示单位功率网络损耗成本；$I^{sqr,WO}_{s,t,ij}$、$I^{sqr,WD}_{s,t,ij}$ 分别表示工作日、周末日在 s 季节 t 时刻断面流过支路 ij 电流的平方；R_{ij} 表示支路 ij 的电阻。

（6）电动汽车充放电损耗成本计算公式为

$$C^{CL} = a \cdot \sum_{s=1}^{4} \sum_{t=1}^{96} \sum_{i=1}^{N_{bus}} (c^{CL} \cdot \eta \cdot P^{rated}_{EV} \cdot N^{WO}_{CF,s,t,i} \cdot \Delta t)$$
$$+ b \cdot \sum_{s=1}^{4} \sum_{t=1}^{96} \sum_{i=1}^{N_{bus}} (c^{CL} \cdot \eta \cdot P^{rated}_{EV} \cdot N^{WD}_{CF,s,t,i} \cdot \Delta t) \qquad (3\text{-}22)$$

式中：c^{CL} 表示电池充放电单位损耗成本；η 表示充放电功率损耗率；P^{rated}_{EV} 表示电动汽车额定充电功率；$N^{WO}_{CF,s,t,i}$、$N^{WD}_{CF,s,t,i}$ 分别表示工作日、周末日在 s 季节 t 时刻断面节点 i 占用的充电桩数量。

（7）电动汽车电池退化损耗成本计算公式为

$$C^B = a \cdot \sum_{s=1}^{4} \sum_{t=1}^{96} \sum_{i=1}^{N_{bus}} (c^B \cdot P^{rated}_{EV} \cdot N^{WO}_{CF,s,t,i} \cdot \Delta t)$$

$$+b \cdot \sum_{s=1}^{4} \sum_{t=1}^{96} \sum_{i=1}^{N_{bus}} (c^B \cdot P_{EV}^{rated} \cdot N_{CF,s,t,i}^{WO} \cdot \Delta t) \qquad (3\text{-}23)$$

式中：c^B 表示电池退化单位损耗成本。

（8）燃料成本及 CO_2 排放成本计算公式为

$$C^{F\&E} = a \cdot (c_{MT}^F + c_e^C \cdot \rho_e) \cdot \sum_{s=1}^{4} \sum_{t=1}^{96} \sum_{i=1}^{N_{bus}} (P_{MT,s,t,i}^{WO} \cdot \Delta t)$$

$$+b \cdot (c_{MT}^F + c_e^C \cdot \rho_e) \cdot \sum_{s=1}^{4} \sum_{t=1}^{96} \sum_{i=1}^{N_{bus}} (P_{MT,s,t,i}^{WD} \cdot \Delta t) \qquad (3\text{-}24)$$

式中：c_{MT}^F 表示单位燃料成本；c_e^C 表示 CO_2 单位排放成本；ρ_e 表示 CO_2 排放系数。

2. 约束条件

本小节详细阐述在提出的规划模型中考虑的约束条件。

（1）Distflow 线性化潮流方程如下

$$\sum_{i \in v(j)} P_{s,t,ij} = \sum_{l \in u(j)} P_{s,t,jl} + P_{s,t,j}^{eq} \qquad \forall s,t \qquad \forall j \in \Omega_N \qquad (3\text{-}25)$$

$$\sum_{i \in v(j)} Q_{s,t,ij} = \sum_{l \in u(j)} Q_{s,t,jl} + Q_{s,t,j}^{eq} \qquad \forall s,t \qquad \forall j \in \Omega_N \qquad (3\text{-}26)$$

$$U_{s,t,j} = U_{s,t,i} - (P_{s,t,ij} \cdot R_{ij} + Q_{s,t,ij} \cdot X_{ij})/U_{sub} \qquad \forall s,t \qquad \forall ij \in \Omega_L$$

$$(3\text{-}27)$$

式中：$P_{s,t,ij}$ 表示在季节 s 时间断面 t 流过支路 ij 的有功功率；$P_{s,t,jl}$ 表示在季节 s 时间断面 t 流过支路 jl 的有功功率；$P_{s,t,j}^{eq}$ 表示在节点 j 的等值功率；$v(j)$ 表示上游节点的集合；$u(j)$ 表示下游节点的集合；$Q_{s,t,ij}$ 表示在季节 s 时间断面 t 流过支路 ij 的无功功率；$Q_{s,t,jl}$ 表示在季节 s 时间断面 t 流过支路 jl 的无功功率；R_{ij} 表示支路 ij 的电阻；X_{ij} 表示支路 ij 的电抗。

（2）节点等效负荷方程如下

$$P_{s,t,j}^{eq} = P_{s,t,j}^{Load} - P_{s,t,j}^{PV} - P_{s,t,j}^{MT} + P_{s,t,j}^{EV} \qquad \forall s,t \qquad \forall j \in \Omega_N \qquad (3\text{-}28)$$

$$Q_{s,t,j}^{eq} = Q_{s,t,j}^{Load} - Q_{s,t,j}^{PV} \qquad \forall s,t \qquad \forall j \in \Omega_N \qquad (3\text{-}29)$$

式中：$P_{s,t,j}^{Load}$ 表示在季节 s 时间断面 t 节点 j 的有功负荷；$Q_{s,t,j}^{Load}$ 表示

在季节 s 时间断面 t 节点 j 的有功负荷；$P^{PV}_{s,t,j}$ 表示光伏在季节 s 时间断面 t 节点 j 的有功功率；$P^{MT}_{s,t,j}$ 表示燃气轮机在季节 s 时间断面 t 节点 j 的有功功率；$P^{EV}_{s,t,j}$ 表示电动汽车在季节 s 时间断面 t 节点 j 的有功功率；$Q^{PV}_{s,t,j}$ 表示光伏在季节 s 时间断面 t 节点 j 的无功功率。

（3）电压幅值约束计算公式如下

$$U_{min} \leqslant U_{s,t,i} \leqslant U_{max} \qquad \forall s,t \qquad \forall i \in \Omega_N \qquad (3\text{-}30)$$

式中：U_{max}、U_{min} 分别表示电压幅值的上下限。

（4）支路电流约束计算公式如下

$$I^{sqr}_{s,t,ij} \leqslant I^2_{ij,max} \qquad \forall s,t \qquad \forall ij \in \Omega_L \qquad (3\text{-}31)$$

$$I^{sqr}_{s,t,ij} = (P^2_{s,t,ij} + Q^2_{s,t,ij})/U^2_{sub} \qquad \forall s,t \qquad \forall ij \in \Omega_L \qquad (3\text{-}32)$$

式中：$I_{ij,max}$ 表示允许支路 ij 流过电流的最大值；U_{sub} 表示根节点电压。

（5）分布式电源出力约束计算公式如下

$$0 \leqslant P^{MT}_{s,t,i} \leqslant S^{unit}_{MT} \cdot N^{MT}_i \qquad \forall s,t \qquad \forall i \in \Omega_{MT} \qquad (3\text{-}33)$$

$$0 \leqslant P^{PV}_{s,t,i} \leqslant S^{unit}_{PV} \cdot N^{PV}_i \qquad \forall s,t \qquad \forall i \in \Omega_{PV} \qquad (3\text{-}34)$$

$$-N^{PV}_i \cdot Q^{unit}_{PV,lim} \leqslant Q^{PV}_{s,t,i} \leqslant N^{PV}_i \cdot Q^{unit}_{PV,lim} \qquad \forall s,t \qquad \forall i \in \Omega_{PV}$$

$$(3\text{-}35)$$

式中：S^{unit}_{MT} 表示单台燃气轮机的可用容量；N^{MT}_i 表示在节点 i 安装的燃气轮机数量；S^{unit}_{PV} 表示单台光伏的可用容量；N^{PV}_i 表示在节点 i 安装的光伏数量；$Q^{unit}_{PV,lim}$ 表示单台光伏无功输出最大限值。

（6）电动汽车空间调度约束计算公式如下

$$\sum_{j \in \Omega_{CF}} B_{s,i,k,j} = 1 \qquad \forall s,k \qquad \forall i \in \Omega_N \qquad (3\text{-}36)$$

$$B_{s,i,k,j} = 0 \qquad \forall s,k \qquad \forall (i,j) \in \{(i,j) | d_{ij} > d_{lim}\} \qquad (3\text{-}37)$$

式中：$B_{s,i,k,j}$ 用来统一表示 $B^{WO}_{s,i,k,j}$、$B^{WD}_{s,i,k,j}$ 这两个 0～1 变量；d_{lim} 表示电动汽车用户允许的最大空间可调度距离。

对于每一辆电动汽车都只能分配一个充电站充电，而对于被引导至超过用户可接受最大调度距离的充电站认为是不可接受的。

（7）电动汽车 V2G 约束计算公式如下

$$0 \leqslant A^{ch}_{s,i,k,t} \leqslant 1 \quad \forall s,k \quad \forall i \in \Omega_N \quad \forall t \in \{t \mid T^{ar}_{i,k} < t < T^{ar}_{i,k} + T^{park}_{i,k}\}$$
$$(3\text{-}38)$$

$$0 \leqslant A^{disch}_{s,i,k,t} \leqslant 1 \quad \forall s,k \quad \forall i \in \Omega_N \quad \forall t \in \{t \mid T^{ar}_{i,k} < t < T^{ar}_{i,k} + T^{park}_{i,k}\}$$
$$(3\text{-}39)$$

$$0 \leqslant A^{ch}_{s,i,k,t} + A^{disch}_{s,i,k,t} \leqslant 1 \quad \forall s,k \quad \forall i \in \Omega_N$$
$$\forall t \in \{t \mid T^{ar}_{i,k} < t < T^{ar}_{i,k} + T^{park}_{i,k}\}$$
$$(3\text{-}40)$$

式中：$A^{ch}_{s,i,k,t}$、$A^{disch}_{s,i,k,t}$ 是用来表示车辆 k 在节点 i 充放电状态的 $0\sim1$ 变量，$A_{s,i,k,t}$ 用来统一表示某一电动汽车的充放电状态。

若在季节 s 时间断面 t 电动汽车 k 在节点 i 充电，则 $A^{ch}_{s,i,k,t}$ 为 1，否则为 0；若进行放电，则 $A^{disch}_{s,i,k,t}$ 为 1，否则为 0；$T^{ar}_{i,k}$ 表示车辆 k 到达时间；$T^{park}_{i,k}$ 表示在节点 i 的停留时间。很显然，电动汽车充电和放电行为无法同时进行。

（8）电动汽车 SOC 约束计算公式如下

$$\sum_{t=T^{ar}_{i,k}}^{T} (A^{ch}_{s,i,k,t} - A^{disch}_{s,i,k,t}) \leqslant Ceil\left[E_{s,i,k}/(P^{rated}_{EV} \cdot \Delta t)\right]$$
$$\forall s \forall i \in \Omega_N \forall k \in \{k \mid EV_{s,i,k} \in \Omega_d\}$$
$$(3\text{-}41)$$
$$\forall t = T^{ar}_{i,k} + 1, T^{ar}_{i,k} + 2, \cdots, T^{ar}_{i,k} + T^{park}_{i,k}$$

$$\sum_{t=T^{ar}_{i,k}}^{T} (A^{ch}_{s,i,k,t} - A^{disch}_{s,i,k,t}) \geqslant -1 \cdot Floor\left[(Cap_{s,i,k} - E_{s,i,k})/(P^{rated}_{EV} \cdot \Delta t)\right]$$
$$\forall s \forall i \in \Omega_N \forall k \in \{k \mid EV_{s,i,k} \in \Omega_d\}$$
$$\forall t = T^{ar}_{i,k} + 1, T^{ar}_{i,k} + 2, \cdots, T^{ar}_{i,k} + T^{park}_{i,k}$$
$$(3\text{-}42)$$

式中：$Ceil$ 表示向上取整的取整函数；$Floor$ 表示向下取整的函数；$E_{s,i,k}$ 表示在季节 s 节点 i 的电动汽车 k 可充电电池容量；$Cap_{s,i,k}$ 表示额定电池容量；Ω_d 表示可充放电调度电动汽车的集合。当电动汽车在充满电状态时无法再继续充电，当电动汽车电池电量为 0 时也无法支持放电行为。

（9）充电设施充足性计算公式如下

$$N_{\mathrm{CF,s,t,j}} = \sum_{i \in \Omega_j^{bus}} \sum_{k \in \Omega_{s,i,t}^{EV}} (A_{s,i,k,t}^{ch} + A_{s,i,k,t}^{disch}) \cdot B_{s,i,k,j}$$

$$\forall s,t \quad \forall j \in \Omega_{\mathrm{CF}} \tag{3-43}$$

$$N_j^{CF} \geqslant N_{\mathrm{CF,s,t,j}} \quad \forall s,t \quad \forall j \in \Omega_{\mathrm{CF}} \tag{3-44}$$

式中：$N_{\mathrm{CF,s,t,j}}$ 表示在季节 s 时间断面 t 节点 j 占用的充电桩数量；N_j^{CF} 表示在节点 j 安装的充电桩数量；Ω_j^{bus} 表示在节点 j 安装的充电桩集合；$\Omega_{s,i,t}^{EV}$ 表示 s 季节 t 时间断面在充电站 i 的电动汽车集合；Ω_{CF} 表示所有充电桩安装的节点集合。对于每一辆无论是正在充电还是正在放电的电动汽车都会占用一个充电桩，因此，每一个充电站安装的充电桩数量都应满足电动汽车用户的充电需求。

（10）电动汽车用户充电需求约束计算公式如下

$$A_{s,i,k,t}^{ch} = 1 \quad \forall s \quad \forall i \in \Omega_{\mathrm{N}} \quad \forall k \in \{k \mid EV_{s,i,k} \in \Omega_{\mathrm{nd}}\}$$

$$\forall t \in \{t \mid T_{i,k}^{ar} < t \leqslant T_{i,k}^{ar} + T_{i,k}^{park}\} \tag{3-45}$$

$$\sum_{t=T_{i,k}^{ar}}^{T_{i,k}^{ar}+T_{i,k}^{park}} (A_{s,i,k,t}^{ch} - A_{s,i,k,t}^{disch}) = Ceil[E_{s,i,k}/(P_{\mathrm{EV}}^{rated} \cdot \Delta t)] \tag{3-46}$$

$$\forall s \quad \forall i \in \Omega_{\mathrm{N}} \quad \forall k \in \{k \mid EV_{s,i,k} \in \Omega_{\mathrm{nd}}\}$$

$$P_{s,t,j}^{EV} = P_{\mathrm{EV}}^{rated} \cdot \sum_{i \in \Omega_j^{bus}} \sum_{k \in \Omega_{s,i,k}^{EV}} (A_{s,i,k,t}^{ch} - A_{s,i,k,t}^{disch}) \cdot B_{s,i,k,j} \quad \forall s,t \quad \forall j \in \Omega_{\mathrm{CF}}$$

$$\tag{3-47}$$

式中：$EV_{s,i,k}$ 表示在季节 s 到达节点 i 的第 k 辆电动汽车；Ω_{nd} 表示不可充放电调度电动汽车集合；$P_{s,t,j}^{EV}$ 表示在节点 j 季节 s 时间断面 t 时的电动汽车电力需求。

电动汽车用户都倾向于优先保证在电动汽车离开时能够尽可能地充满电，因此，对于停留时间较短的电动汽车，则在停留时间范围内无法进行放电行为；而对于可以支持 V2G 行为的电动汽车，在离开时则应该保证其电量充满。

3.2.2　求解策略

在上述模型构建过程中，式（3-32）表达的电流约束是由功率平方项组成的，属于非线性二次约束，使得模型难以求解。因此，此处将利用十二边形线性化方法来解决模型求解难的问题。十二边形线性化方法使用内接十二边形来逼近圆形约束，从而实现约束的线性化表达，在保证一定求解精度的前提下，大大提高了求解的速度。若支路电流以 1kA 为基值，取 $I_{ij,\max}$ 为 400A 为例，原理图如图 3-4 所示，具体表达式如式（3-48）～式（3-51）所示。

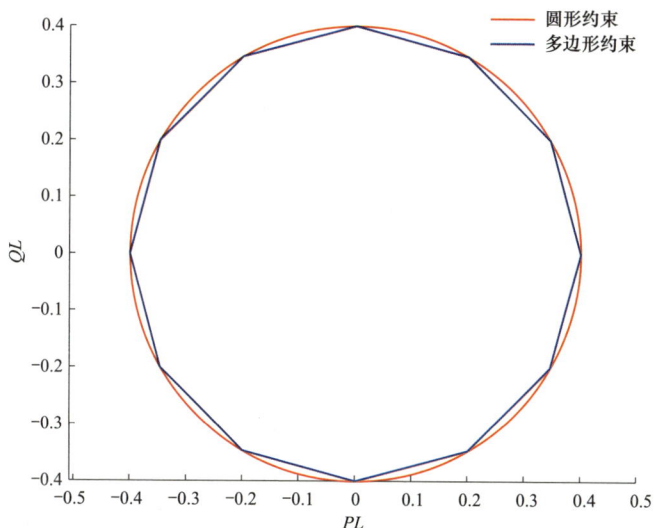

图 3-4　多边形线性化方法

$$aP_{s,t,ij}+bQ_{s,t,ij}+c\leqslant 0 \quad \forall s,t \quad \forall ij\in\Omega_{\mathrm{L}} \tag{3-48}$$

$$a=[0.0536,0.1464,0.2,0.2,0.1464,0.0536,-0.0536,$$
$$-0.1464,-0.2,-0.2,-0.1464,-0.0536] \tag{3-49}$$

$$b=[0.2,0.1464,0.0536,-0.0536,-0.1464,-0.2,-0.2,$$
$$-0.1464,-0.0536,0.0536,0.1464,0.2] \tag{3-50}$$

$$c = [-0.08, -0.08, -0.08, -0.08, -0.08, -0.08,$$

$$-0.08, -0.08, -0.08, -0.08, -0.08, -0.08] \quad (3\text{-}51)$$

式中：a、b、c 均为直线方程的常量系数。

最后，经过线性化处理后的规划模型如式（3-52）所示，可以通过现有的商业求解器在多项式时间内有效求解。

$$\min(5-13)$$

$$s.t.(5-25)-(5-31),(5-33)-(5-51) \quad (3\text{-}52)$$

3.2.3 实证分析

1. 算例参数设置

将 IEEE-33 节点配电系统与江苏地区一个实际的地理区域耦合作为测试系统，如图 3-5 所示。基于实际地理信息，将土地块划分为包含商业区、办公区、居民区等在内的不同类型，并在图 3-5 中用不同颜色进行表示，并把配电系统中每个节点处所属的电力负荷类型视作与其所在的土地区域类型保持一致，为简化计算，认为配电网络负荷节点、电动汽车到达目的地、电动汽车充电站建设位置都处于相应土地区域的几何中心点，从而可以将每辆电动汽车的行驶目的地距离充电站的路程用不同土地区域之间几何中心点的直线距离来进行近似表示。在 MATLAB 环境下借助 YALMIP 工具箱调用 GUROBI 商业

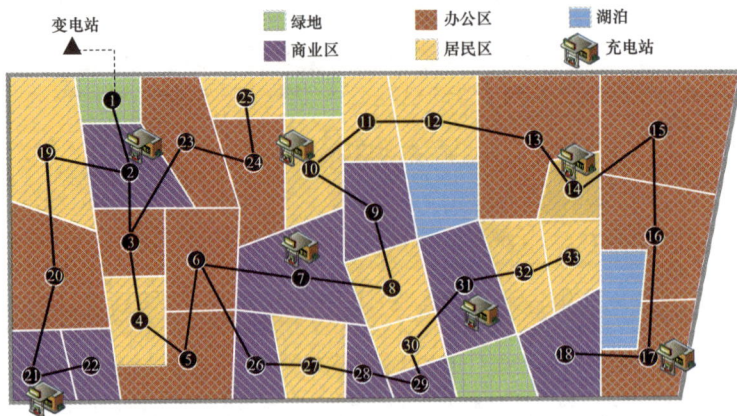

图 3-5　IEEE-33 配电系统与实际区域耦合测试系统

求解器对所构建的充电设施协同规划模型进行有效求解。

该算例系统其他参数设置如下：

（1）待选电动汽车充电站安装节点为 {2，7，10，14，17，21，31}；待选光伏电站安装节点为 {6，12，15，17，21，24，30，32}；待选燃气轮机机组安装节点为 {4，7，16，18，22，25，29，31}。

（2）待建光伏模块和微型燃气轮机的单位容量为 10kVA，待建电动汽车充电桩的额定充电功率为 30kW。更多分布式电源与充电桩的详细参数如表 3-3 所示。其中，考虑实际情况，双向充放电功能充电桩的成本及运行维护费用比普通充电桩高 20%；设备年化成本计算中采用的折现率为 0.03。

表 3-3 分布式电源与充电桩参数

参数 \ 电源	光伏电站	燃气轮机	充电桩
经济寿命	25	10	10
建设成本	1200 美元/kVA	750 美元/kVA	3250 美元/套
运行维护成本	2 美元/MWh	10 美元/MWh	325 美元/套/年
燃料成本	0	120 美元/MWh	0
CO_2 排放量	0	720g/kWh	0
单位 CO_2 排放成本	0	10 美元/t	0

（3）采用本章 3.1.4 节中的实际地区太阳光照强度历史数据，并设定年最大光照强度为 $1000W/m^2$。

（4）将电力用户的负荷类型按照其所属的土地区域类型分为商业区用电负荷、住宅区用电负荷和办公区用电负荷三类。

（5）关于测试系统区域内电动汽车的泊车行为，采用本章 3.1.1 展示的相关数据，并设定该区域接入电动汽车数量为 200 辆，并根据相应节点的年峰值负荷估算每一个土地区域的停车数量。

（6）电动汽车的电池容量设为 100kWh；取市区车速为 45km/h，认为车主在空间调度中寻找充电站可接受的时间为 10min，即用户允许的最大调度距离为 750m；行驶单位距离的经济成本为 0.5 美元/km。

（7）电动汽车在充放电过程中电能损失的单位成本为 0.08 美元/kWh；考虑充放电过程中电能损失率为 5%；造成的电池退化成本为 0.01 美元/kWh。

（8）系统支路允许流过的电流上限值为 400A；节点电压波动的上限和下限分别为 0.9p.u. 和 1.1p.u.；单位网损费用设为 0.08 美元/kWh；向上级电网购电的单位成本为 0.07 美元/kWh。

2. 算例结果对比分析

为了验证所提模型的正确性，构建 3 种典型场景进行对比分析，并对不同典型场景下的充电设施协同规划方案进行了求解。在场景 1 中，计及电动汽车空间可调度特性，在最大允许调度距离内可以进行电动汽车充电负荷的空间调配；在场景 2 中，电动汽车被引导在邻近的固定的充电站进行充电，如图 3-6 所示。考虑电动汽车的 V2G 特性，电动汽车具有充电和放电两种行为属性，在满足用户意愿尽可能充更多电的前提下，受电网峰谷负荷及运行工况的影响，进行充放电行为的时间调控；在场景 3 中，计及电动汽车时间—空间可调度特性，在规划模型中嵌入电动汽车充电需求的空间调度问题以及 V2G 行为。图 3-7 和图 3-8 分别对不同场景规划方案的建设安装数量和各项成本费用进行了对比。

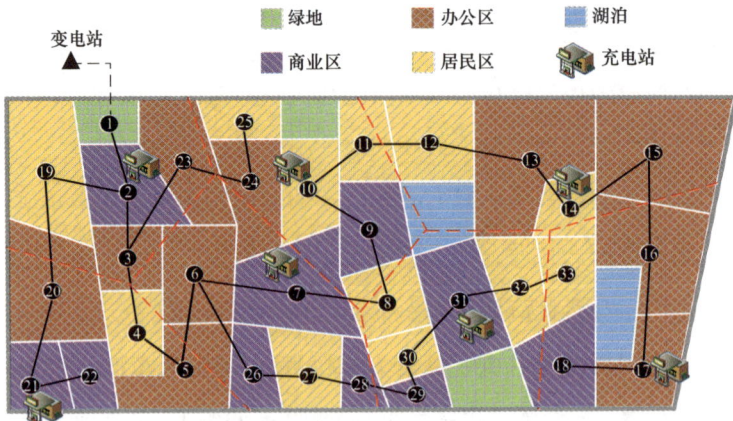

图 3-6　基于维诺图的固定场所充电的充电站服务区域划分

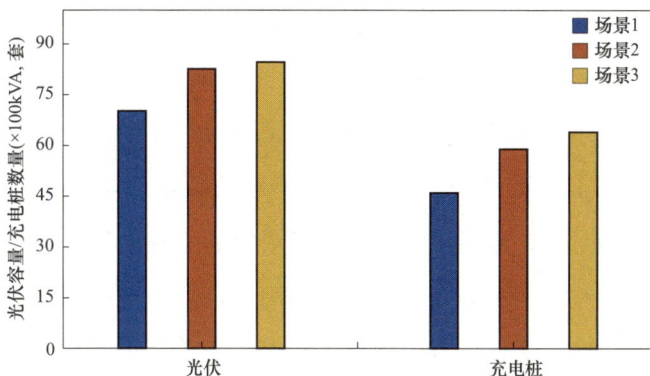

图 3-7　不同场景规划方案安装数量对比

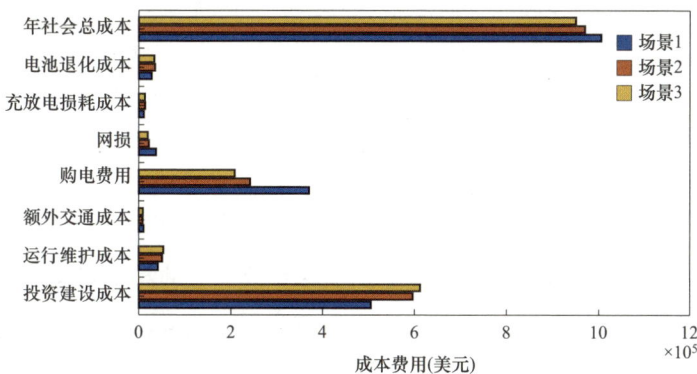

图 3-8　不同场景规划方案各项成本费用

　　通过图 3-7 可以看出，场景 1、场景 2、场景 3 光伏电站的建设安装容量显示出上升趋势，在场景 3 下，能够对电动汽车充电负荷进行时空双维度的有序调度，通过合理调配电动汽车的充电站址和充电时间，消耗尖峰时刻光伏发电的多余功率，从而大大降低系统社会总成本。由于场景 3 中同时计及电动汽车时间与空间可调度特性，通过适当增加对充电桩的建设，引导电动汽车负荷选择更合适的节点接入配电系统，能够增加对分布式光伏电站容量的建设，改善系统的潮流分布，进一步降低系统的年社会总成本。

　　通过图 3-8 分析可知，由于场景 3 能够通过对充电负荷进行时空维度的调度，提高了分布式光伏的建设安装上限，更加合理地改善了配电系统的潮流分布，从而大幅度地减少了从上级电网购电所需的成本，以及网络损耗成本，综合来看社会总成本更优。

综上所述，通过三种典型车—网互动场景算例的对比，验证了计及电动汽车时空可调度特性场景下对社会总成本带来的有益效果。在该场景下，兼顾了时间与空间层面的双重优势，加强了电动汽车与配电系统的协同互动，充分利用了电动汽车在电网能量调度中具有的高度灵活性，有效增强了配电系统对分布式光伏的消纳能力，改变了电动汽车充电设施协同规划的配置方案，使得在满足基础电力负荷与车主电动汽车负荷的前提下，能够得到最小年社会总成本的配置方案。

3.3 充电设施多阶段规划方法

现有研究通常将电动汽车充电设施规划作为一个静态规划问题处理，而忽视了电动汽车保有量迅速增加导致的电动汽车充电设施供给不足问题，为有效应对电动汽车迅速推广新形势下对充电设施规划提出的拓展性需求，亟需开展电动汽车充电设施的多阶段规划方法研究。本节主要介绍了车—网深度交互场景下充电设施多阶段协同规划方法，具体阐述了充电设施与分布式电源多阶段规划框架、基于逆序的多阶段规划模型求解架构、多阶段规划模型的目标函数以及约束条件，最后基于实际地区地理—电气耦合系统进行了算例分析，验证了所提模型的合理性。

3.3.1 多阶段规划问题的求解方法

1. 充电设施与分布式电源多阶段规划模型

为了满足电动汽车保有量增加引起的对于电动汽车充电设施扩展性需求，考虑建设时序的分布式电源协同分布式电源与电动汽车规划示意图，如图 3-9 所示。

将电动汽车充电设施与分布式电源多阶段协同规划模型划分为

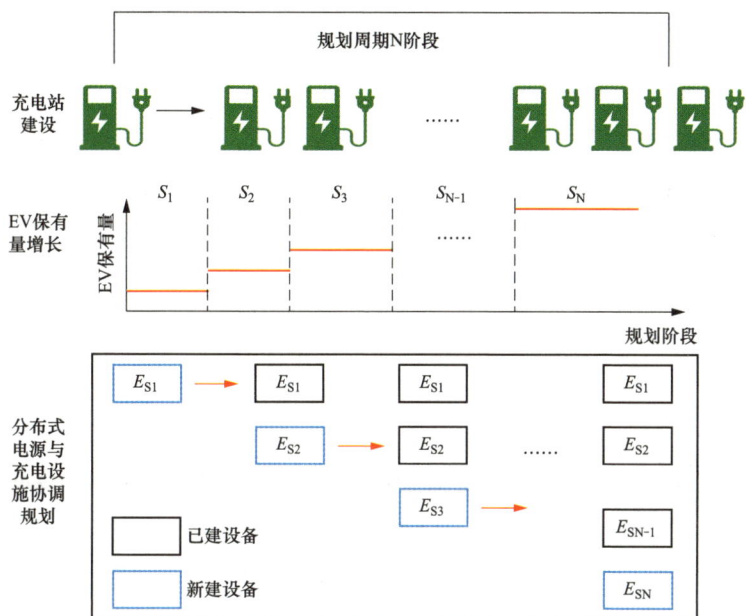

图 3-9　多阶段规划示意图

N 个阶段，多阶段序列 S 如下所示

$$S=[S_1,S_2,\cdots,S_k,\cdots S_{N-1},S_N] \qquad (3\text{-}53)$$

式中：S_k 表示第 k 个阶段，$k=1$，2，$\cdots$，$N-1$，N。

待规划建设的设备包括电动汽车充电站、光伏、燃气轮机，其设备集序列 E_S 可以表示如下

$$E_S=[E_{S_1},E_{S_2},\cdots,E_{S_k},\cdots,E_{S_{N-1}},E_{S_N}] \qquad (3\text{-}54)$$

式中：E_{S_k} 表示在 S_k 阶段建设的设备集合。

考虑建设的时序性，后一阶段的待建设备是在前一阶段的基础上进行配置的，如式（3-55）所示

$$E_{S_1}\leqslant E_{S_2}\leqslant\cdots\leqslant E_{S_k}\leqslant E_{S_{N-1}}\leqslant E_{S_N} \qquad (3\text{-}55)$$

多阶段规划的思路为：首先在 S_1 规划的初始年，协同规划配置待建的设备集 E_{S_1}，以满足 S_1 阶段的电动汽车充电负荷需求及电力负荷需求；然后，在待规划阶段 S_2，在 S_1 阶段规划建设的基础上，联合规划配置待建的设备集 E_{S_2}，从而满足电动汽车保有量水平增长

情况下 S_2 阶段的电动汽车充电负荷需求及电力负荷需求；以此类推，在待规划阶段 S_k，在已经建设的设备集 $E_{S_1} \cup E_{S_2} \cup, \cdots,$ $\cup E_{S_k}$ 基础上，联合规划配置 E_{S_k}，以满足阶段 S_k 的充电负荷及电力负荷水平，直到规划完整阶段，规划配置 E_{S_N}。

2. 基于逆序的多阶段规划模型求解框架

传统的多阶段规划方法一般是采用静态规划，是在规划期初始年考虑规划期末年的负荷水平而进行一次性规划，其忽略了电动汽车不同阶段保有量变化对规划方案带来的影响，是一种单纯为了满足充电负荷及电力负荷需求的比较粗糙的规划方式。另一种常见的多阶段规划方法是将整个规划阶段的目标值、约束条件作为整体进行统一求解，由于不同阶段模型之间存在很大的相似度将会使得求解陷入维数灾问题，而且不同阶段间的耦合关系会导致大规模的交叉变量，这种求解策略将极大增加模型求解的难度，难以求解基于时空深度交互场景下分布式电源与充电设施规划这种超大规模问题。

因此，本节介绍一种基于逆序的多阶段规划模型求解方法，通过动态规划逆序求解方法，将多阶段规划模型转化为单阶段滚动规划模型，在满足电动汽车保有量增长形势下，各个阶段电动汽车充电需求的前提下，既计及了规划末年高保有量情形下对整个规划阶段成本的影响，又能够有效避免大规模交叉变量带来的求解复杂问题，使得超大规模规划问题能够高效求解。具体而言，计及高保有量电动汽车规划末年场景，首先，通过混合整数规划方法求解出末年的规划方案，在保障规划方案在电动汽车高保有量情形下也具有良好效益的同时，并以此作为倒数第二年规划年的约束条件，将规划过程中的充电站充裕性约束在了更小的范围内进行待选建设，逐步进行倒序应用，最终规划出规划初年的规划方案，得到整个规划阶段的规划方案。具体求解过程示意图如图 3-10 所示。

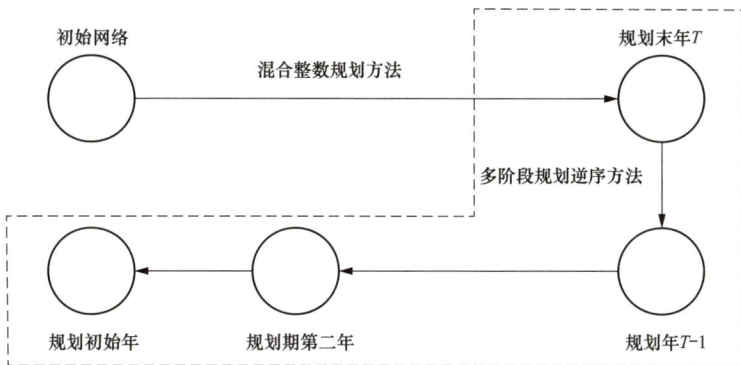

图 3-10 多阶段模型求解示意图

3.3.2 优化模型

1. 目标函数

在本书 3.2.1 中电动汽车充电设施与分布式电源规划模型的基础上，考虑多个规划阶段，从社会规划者的角度综合考虑不同主体的利益，基于所提逆序求解策略将多阶段规划模型转化为单阶段滚动规划模型，每个阶段的规划总成本用 $C(n)$ 进行统一表示，具体的目标函数表达式如下

$$\text{Min}\quad C(n)=C^I(n)+C^M(n)+C^T(n)+C^E(n)+C^L(n)+C^{CL}(n)+ \\ C^B(n)+C^{F\&E}(n) \tag{3-56}$$

式中：$C^I(n)$ 为阶段 n 的年建设投资成本；$C^M(n)$ 为阶段 n 的年运行维护成本；$C^T(n)$ 为阶段 n 的空间调度额外交通成本；$C^E(n)$ 为阶段 n 的向上级电网购电成本；$C^L(n)$ 为阶段 n 的网络损耗成本；$C^{CL}(n)$ 为阶段 n 的电动汽车充放电损耗成本；$C^B(n)$ 为阶段 n 的电池退化损耗成本；$C^{F\&E}(n)$ 为阶段 n 的燃气轮机燃料成本以及 CO_2 排放成本。

近似认为一年 365 天包含春、夏、秋、冬四个季节的 65.25 个工作日与 26 个周末日，以规划年的社会总成本表示该规划周期的经济成本，具体每项成本的数学表达式如下所示。

（1）年建设投资成本计算公式如下

$$C^I(n) = R_{CF} \cdot \sum_{i=1}^{N_{bus}} (c_{CF}^I \cdot N_{i,n}^{CF}) + R_{PV} \cdot \sum_{i=1}^{N_{bus}} (c_{PV}^I \cdot S_{PV,i,n}^{rated})$$

$$+ R_{MT} \cdot \sum_{i=1}^{N_{bus}} (c_{MT}^I \cdot S_{MT,i,n}^{rated}) \tag{3-57}$$

$$R_{CF} = d \cdot (1+d)^{y_{CF}} / [(1+d)^{y_{CF}} - 1] \tag{3-58}$$

$$R_{PV} = d \cdot (1+d)^{y_{PV}} / [(1+d)^{y_{PV}} - 1] \tag{3-59}$$

$$R_{MT} = d \cdot (1+d)^{y_{MT}} / [(1+d)^{y_{MT}} - 1] \tag{3-60}$$

式中：R_{CF}、R_{PV}、R_{MT} 分别表示充电桩、光伏、燃气轮机的年投资成本系数；c_{CF}^I、c_{PV}^I、c_{MT}^I 分别表示充电桩、光伏、燃气轮机的单位投资成本；$N_{i,n}^{CF}$ 表示阶段 n 在节点 i 安装的充电桩数量；$S_{PV,i,n}^{rated}$、$S_{MT,i,n}^{rated}$ 分别表示在阶段 n 节点 i 安装的光伏、燃气轮机的容量；d 表示折现率；y_{CF}、y_{PV}、y_{MT} 分别表示充电桩、光伏、燃气轮机的经济寿命周期。

（2）年系统运行维护成本计算公式如下

$$C^M(n) = a \cdot \sum_{s=1}^{4} \sum_{t=1}^{96} \sum_{i=1}^{N_{bus}} [(c_{PV}^{O\&M} \cdot P_{PV,s,t,i,n}^{WO} + c_{MT}^{O\&M} \cdot P_{MT,s,t,i,n}^{WO}) \cdot \Delta t]$$

$$+ b \cdot \sum_{s=1}^{4} \sum_{t=1}^{96} \sum_{i=1}^{N_{bus}} [(c_{PV}^{O\&M} \cdot P_{PV,s,t,i,n}^{WD} + c_{MT}^{O\&M} \cdot P_{MT,s,t,i,n}^{WD}) \cdot \Delta t]$$

$$+ \sum_{i=1}^{N_{bus}} (c_{CF}^{O\&M} \cdot N_i^{CF}) \tag{3-61}$$

式中：$c_{PV}^{O\&M}$、$c_{MT}^{O\&M}$、$c_{CF}^{O\&M}$ 分别表示光伏、燃气轮机、充电桩的单位运维成本；$P_{PV,s,t,i,n}^{WO}$、$P_{MT,s,t,i,n}^{WO}$ 分别表示光伏、燃气轮机工作日在阶段 n 季节 s 时刻 t 节点 i 的出力功率；$P_{PV,s,t,i,n}^{WD}$、$P_{MT,s,t,i,n}^{WD}$ 分别表示光伏、燃气轮机阶段 n 周末日在季节 s 时刻 t 节点 i 的出力功率；N_{bus} 表示系统所有节点集合；a 表示春、夏、秋、冬四个季节的 65.25 个工作日；b 表示春、夏、秋、冬四个季节的 26 个周末日。

（3）额外交通成本计算公式为

$$C^T(n) = a \cdot \sum_{s=1}^{4} \sum_{i=1}^{N_{bus}} \sum_{k=1}^{N_{s,i,n}^{ar,WO}} \sum_{j \in \Omega_{CF}} (c^T \cdot B_{s,i,k,j,n}^{WO} \cdot d_{ij})$$

$$+ b \cdot \sum_{s=1}^{4} \sum_{i=1}^{N_{\text{bus}}} \sum_{k=1}^{N_{s,i,n}^{ar,WD}} \sum_{j \in \Omega_{\text{CF}}} (c^T \cdot B_{s,i,k,j,n}^{WD} \cdot d_{ij}) \qquad (3\text{-}62)$$

式中：$N_{s,i,n}^{ar,WO}$、$N_{s,i,n}^{ar,WD}$ 分别表示阶段 n 工作日和周末日在季节 s 到达节点 i 的总电动汽车数量；c^T 表示单位行驶交通距离成本；$B_{s,i,k,j,n}^{WO}$、$B_{s,i,k,j,n}^{WD}$ 是两个 $0-1$ 变量，用来分别表示阶段 n 在节点 i 的车辆 k 在工作日、周末日引导至充电站节点 j 的充电情况，若为 1，则表示被引导在该充电站充电，否则值为 0；d_{ij} 表示节点 i 到充电站节点 j 的距离。

（4）向上级电网购电成本计算公式为

$$C^E(n) = a \cdot \sum_{s=1}^{4} \sum_{t=1}^{96} \sum_{i \in \Omega_s} \sum_{j \in u(i)} (c^E \cdot P_{s,t,ij,n}^{WO} \cdot \Delta t)$$

$$+ b \cdot \sum_{s=1}^{4} \sum_{t=1}^{96} \sum_{i \in \Omega_s} \sum_{j \in u(i)} (c^E \cdot P_{s,t,ij,n}^{WD} \cdot \Delta t) \qquad (3\text{-}63)$$

式中：c^E 表示从上级电网购电成本；$P_{s,t,ij,n}^{WO}$、$P_{s,t,ij,n}^{WD}$ 分别表示阶段 n 工作典型日、周末典型日在季节 s 时刻 t 流过支路 ij 功率；Ω_s 表示根节点集合。

（5）网络损耗成本计算公式为

$$C^L(n) = a \cdot \sum_{s=1}^{4} \sum_{t=1}^{96} \sum_{i=1}^{N_{\text{bus}}} \sum_{j \in u(i)} (c^L \cdot I_{s,t,ij,n}^{sqr,WO} \cdot R_{ij} \cdot \Delta t)$$

$$+ b \cdot \sum_{s=1}^{4} \sum_{t=1}^{96} \sum_{i=1}^{N_{\text{bus}}} \sum_{j \in u(i)} (c^L \cdot I_{s,t,ij,n}^{sqr,WD} \cdot R_{ij} \cdot \Delta t) \qquad (3\text{-}64)$$

式中：c^L 表示单位功率网络损耗成本；$I_{s,t,ij,n}^{sqr,WO}$、$I_{s,t,ij,n}^{sqr,WD}$ 分别表示阶段 n 工作日、周末日在 s 季节 t 时刻断面流过支路 ij 电流的平方；R_{ij} 表示支路 ij 的电阻。

（6）电动汽车充放电损耗成本计算公式为

$$C^{CL}(n) = a \cdot \sum_{s=1}^{4} \sum_{t=1}^{96} \sum_{i=1}^{N_{\text{bus}}} (c^{CL} \cdot \eta \cdot P_{EV}^{rated} \cdot N_{CF,s,t,i,n}^{WO} \cdot \Delta t)$$

$$+ b \cdot \sum_{s=1}^{4} \sum_{t=1}^{96} \sum_{i=1}^{N_{\text{bus}}} (c^{CL} \cdot \eta \cdot P_{EV}^{rated} \cdot N_{CF,s,t,i,n}^{WD} \cdot \Delta t) \qquad (3\text{-}65)$$

式中：c^{CL} 表示电池充放电单位损耗成本；η 表示充放电功率损耗率；

P_{EV}^{rated} 表示电动汽车额定充电功率；$N_{\mathrm{CF},s,t,i,n}^{WO}$、$N_{\mathrm{CF},s,t,i,n}^{WD}$ 分别表示阶段 n 工作日、周末日在 s 季节 t 时刻断面节点 i 占用的充电桩数量。

（7）电动汽车电池退化损耗成本计算公式为

$$
\begin{aligned}
C^B(n) = & \ a \cdot \sum_{s=1}^{4} \sum_{t=1}^{96} \sum_{i=1}^{N_{\mathrm{bus}}} (c^B \cdot P_{\mathrm{EV}}^{rated} \cdot N_{\mathrm{CF},s,t,i,n}^{WO} \cdot \Delta t) \\
& + b \cdot \sum_{s=1}^{4} \sum_{t=1}^{96} \sum_{i=1}^{N_{\mathrm{bus}}} (c^B \cdot P_{\mathrm{EV}}^{rated} \cdot N_{\mathrm{CF},s,t,i,n}^{WO} \cdot \Delta t) \quad (3\text{-}66)
\end{aligned}
$$

式中：c^B 表示电池退化单位损耗成本。

（8）燃料成本及 CO_2 排放成本计算公式为

$$
\begin{aligned}
C^{F\&E}(n) = & \ a \cdot (c_{\mathrm{MT}}^F + c_e^C \cdot \rho_e) \cdot \sum_{s=1}^{4} \sum_{t=1}^{96} \sum_{i=1}^{N_{\mathrm{bus}}} (P_{\mathrm{MT},s,t,i,n}^{WO} \cdot \Delta t) \\
& + b \cdot (c_{\mathrm{MT}}^F + c_e^C \cdot \rho_e) \cdot \sum_{s=1}^{4} \sum_{t=1}^{96} \sum_{i=1}^{N_{\mathrm{bus}}} (P_{\mathrm{MT},s,t,i,n}^{WD} \cdot \Delta t) \quad (3\text{-}67)
\end{aligned}
$$

式中：c_{MT}^F 表示单位燃料成本；c_e^C 表示 CO_2 单位排放成本；ρ_e 表示 CO_2 排放系数。

2. 约束条件

在本小节中详细地阐述了多阶段规划模型中考虑的约束条件。在多阶段规划模型中，首先，各阶段应满足当前阶段的运行状态限制条件；其次，考虑建设的时序性及所提逆序求解思路，前一个阶段的约束应满足后一阶段对当前规划阶段的限制。

（1）Distflow 线性化潮流方程如下

$$
\sum_{i \in v(j)} P_{\mathrm{n},s,t,ij} = \sum_{l \in u(j)} P_{\mathrm{n},s,t,jl} + P_{\mathrm{n},s,t,j}^{eq} \quad \forall s,t \quad \forall j \in \Omega_{\mathrm{N}} \quad (3\text{-}68)
$$

$$
\sum_{i \in v(j)} Q_{\mathrm{n},s,t,ij} = \sum_{l \in u(j)} Q_{\mathrm{n},s,t,jl} + Q_{\mathrm{n},s,t,j}^{eq} \quad \forall s,t \quad \forall j \in \Omega_{\mathrm{N}} \quad (3\text{-}69)
$$

$$
U_{\mathrm{n},s,t,j} = U_{\mathrm{n},s,t,i} - (P_{\mathrm{n},s,t,ij} \cdot R_{ij} + Q_{\mathrm{n},s,t,ij} \cdot X_{ij})/U_{\mathrm{sub}} \quad \forall s,t \quad \forall ij \in \Omega_{\mathrm{L}}
$$

$$
(3\text{-}70)
$$

式中：$P_{\mathrm{n},s,t,ij}$ 表示阶段 n 在季节 s 时间断面 t 流过支路 ij 的有功功率；$P_{\mathrm{n},s,t,jl}$ 表示阶段 n 在季节 s 时间断面 t 流过支路 jl 的有功功率；$P_{\mathrm{n},s,t,j}^{eq}$ 表示阶段 n 在节点 j 的等值功率；$v(j)$ 表示上游节点的集合；

$u(j)$ 表示下游节点的集合；$Q_{n,s,t,ij}$ 表示阶段 n 在季节 s 时间断面 t 流过支路 ij 的无功功率；$Q_{n,s,t,jl}$ 表示阶段 n 在季节 s 时间断面 t 流过支路 jl 的无功功率；R_{ij} 表示支路 ij 的电阻；X_{ij} 表示支路 ij 的电抗。

（2）节点等效负荷方程如下

$$P_{n,s,t,j}^{eq}=P_{n,s,t,j}^{Load}-P_{n,s,t,j}^{PV}-P_{n,s,t,j}^{MT}+P_{n,s,t,j}^{EV} \qquad \forall s,t \qquad \forall j\in\Omega_{N} \qquad (3\text{-}71)$$

$$Q_{n,s,t,j}^{eq}=Q_{n,s,t,j}^{Load}-Q_{n,s,t,j}^{PV} \qquad \forall s,t \qquad \forall j\in\Omega_{N} \qquad (3\text{-}72)$$

式中：$P_{n,s,t,j}^{Load}$ 表示阶段 n 在季节 s 时间断面 t 节点 j 的有功负荷；$Q_{n,s,t,j}^{Load}$ 表示阶段 n 在季节 s 时间断面 t 节点 j 的有功负荷；$P_{n,s,t,j}^{PV}$ 表示阶段 n 光伏在季节 s 时间断面 t 节点 j 的有功功率；$P_{n,s,t,j}^{MT}$ 表示阶段 n 燃气轮机在季节 s 时间断面 t 节点 j 的有功功率；$P_{n,s,t,j}^{EV}$ 表示阶段 n 电动汽车在季节 s 时间断面 t 节点 j 的有功功率；$Q_{n,s,t,j}^{PV}$ 表示阶段 n 光伏在季节 s 时间断面 t 节点 j 的无功功率。

（3）电压幅值约束计算公式为

$$U_{min}\leqslant U_{n,s,t,i}\leqslant U_{max} \qquad \forall s,t \qquad \forall i\in\Omega_{N} \qquad (3\text{-}73)$$

式中：U_{min}、U_{max} 分别表示电压幅值的上下限。

（4）支路电流约束计算公式为

$$I_{n,s,t,ij}^{sqr}\leqslant I_{n,ij,max}^{2} \qquad \forall s,t \qquad \forall ij\in\Omega_{L} \qquad (3\text{-}74)$$

$$I_{n,s,t,ij}^{sqr}=(P_{n,s,t,ij}^{2}+Q_{n,s,t,ij}^{2})/U_{sub}^{2} \qquad \forall s,t \qquad \forall ij\in\Omega_{L} \qquad (3\text{-}75)$$

式中：$I_{n,ij,max}$ 表示阶段 n 允许支路 ij 流过电流的最大值；U_{sub} 表示根节点电压。

（5）分布式电源出力约束计算公式为

$$0\leqslant P_{n,s,t,i}^{MT}\leqslant S_{MT}^{unit}\cdot N_{n,i}^{MT} \qquad \forall s,t \qquad \forall i\in\Omega_{MT} \qquad (3\text{-}76)$$

$$0\leqslant P_{n,s,t,i}^{PV}\leqslant S_{PV}^{unit}\cdot N_{n,i}^{PV} \qquad \forall s,t \qquad \forall i\in\Omega_{PV} \qquad (3\text{-}77)$$

$$-N_{n,i}^{PV}\cdot Q_{PV,lim}^{unit}\leqslant Q_{n,s,t,i}^{PV}\leqslant N_{n,i}^{PV}\cdot Q_{PV,lim}^{unit} \qquad \forall s,t \qquad \forall i\in\Omega_{PV} \qquad (3\text{-}78)$$

式中：S_{MT}^{unit} 表示单台燃气轮机的可用容量；$N_{n,i}^{MT}$ 表示阶段 n 在节点 i 全部的燃气轮机数量；S_{PV}^{unit} 表示单台光伏的可用容量；$N_{n,i}^{PV}$ 表示阶

段 n 在节点 i 全部的光伏数量；$Q_{\mathrm{PV,lim}}^{unit}$ 表示单台光伏无功输出最大限值。

（6）电动汽车空间调度约束计算公式为

$$\sum_{j\in\Omega_{\mathrm{CF}}} B_{\mathrm{n,s,i,k,j}}=1 \quad \forall s,k \quad \forall i\in\Omega_{\mathrm{N}} \tag{3-79}$$

$$B_{\mathrm{n,s,i,k,j}}=0 \quad \forall s,k \quad \forall (i,j)\in\{(i,j)\,|\,d_{\mathrm{ij}}>d_{\mathrm{lim}}\} \tag{3-80}$$

式中：$B_{\mathrm{n,s,i,k,j}}$ 用来统一表示 $B_{\mathrm{n,s,i,k,j}}^{WO}$、$B_{\mathrm{n,s,i,k,j}}^{WD}$ 这两个 $0-1$ 变量；d_{lim} 表示电动汽车用户允许的最大空间可调度距离。

对于每一辆电动汽车都只能分配一个充电站充电，而对于被引导至超过用户可接受最大调度距离的充电站认为是不可接受的。

（7）电动汽车 V2G 约束计算公式为

$$0\leqslant A_{\mathrm{n,s,i,k,t}}^{ch}\leqslant 1 \quad \forall s,k \quad \forall i\in\Omega_{\mathrm{N}} \quad \forall t\in\{t\,|\,T_{\mathrm{i,k}}^{ar}<t<T_{\mathrm{i,k}}^{ar}+T_{\mathrm{i,k}}^{park}\}$$
$$\tag{3-81}$$

$$0\leqslant A_{\mathrm{n,s,i,k,t}}^{disch}\leqslant 1 \quad \forall s,k \quad \forall i\in\Omega_{\mathrm{N}} \quad \forall t\in\{t\,|\,T_{\mathrm{i,k}}^{ar}<t<T_{\mathrm{i,k}}^{ar}+T_{\mathrm{i,k}}^{park}\}$$
$$\tag{3-82}$$

$$0\leqslant A_{\mathrm{n,s,i,k,t}}^{ch}+A_{\mathrm{n,s,i,k,t}}^{disch}\leqslant 1 \quad \forall s,k \quad \forall i\in\Omega_{\mathrm{N}}$$
$$\forall t\in\{t\,|\,T_{\mathrm{i,k}}^{ar}<t<T_{\mathrm{i,k}}^{ar}+T_{\mathrm{i,k}}^{park}\} \tag{3-83}$$

式中：$A_{\mathrm{n,s,i,k,t}}^{ch}$、$A_{\mathrm{n,s,i,k,t}}^{disch}$ 是用来表示阶段 n 的车辆 k 在节点 i 充放电状态的 $0-1$ 变量；$A_{\mathrm{n,s,i,k,t}}$ 用来统一表示阶段 n 某一电动汽车的充放电状态。

若在阶段 n 季节 s 时间断面 t 电动汽车 k 在节点 i 充电，则 $A_{\mathrm{n,s,i,k,t}}^{ch}$ 为 1，否则为 0；若进行放电，则 $A_{\mathrm{n,s,i,k,t}}^{disch}$ 为 1，否则为 0；$T_{\mathrm{i,k}}^{ar}$ 表示车辆 k 到达时间；$T_{\mathrm{i,k}}^{park}$ 表示在节点 i 的停留时间。很显然，电动汽车充电和放电行为无法同时进行。

（8）电动汽车 SOC 约束计算公式为

$$\sum_{t=T_{\mathrm{i,k}}^{ar}}^{T}(A_{\mathrm{n,s,i,k,t}}^{ch}-A_{\mathrm{n,s,i,k,t}}^{disch})\leqslant Ceil[E_{\mathrm{n,s,i,k}}/(P_{\mathrm{EV}}^{rated}\cdot\Delta t)]$$
$$\tag{3-84}$$

$$\forall k\in\{k\,|\,EV_{\mathrm{n,s,i,k}}\in\Omega_{\mathrm{n,d}}\} \quad \forall t=T_{\mathrm{i,k}}^{ar}+1$$

$$\sum_{t=T_{i,k}^{ar}}^{T} (A_{n,s,i,k,t}^{ch} - A_{n,s,i,k,t}^{disch}) \geqslant -1 \cdot Floor[(Cap_{s,i,k} - E_{n,s,i,k})/(P_{EV}^{rated} \cdot \Delta t)]$$

$$\forall s \quad \forall i \in \Omega_N$$

$$\forall k \in \{k \mid EV_{n,s,i,k} \in \Omega_{n,d}\} \quad \forall t = T_{i,k}^{ar} + 1, T_{i,k}^{ar} + 2, \cdots, T_{i,k}^{ar} + T_{i,k}^{park}$$

$$(3\text{-}85)$$

式中：$Ceil$ 表示向上取整的取整函数；$Floor$ 表示向下取整的函数；$E_{n,s,i,k}$ 表示在阶段 n 季节 s 节点 i 的电动汽车 k 可充电电池容量；$Cap_{s,i,k}$ 表示额定电池容量；$\Omega_{n,d}$ 表示阶段 n 可充放电调度电动汽车的集合。

当电动汽车在充满电状态时无法再继续充电，当电动汽车电池电量为 0 时也无法支持放电行为。

（9）充电设施充足性计算公式为

$$N_{n,CF,s,t,j} = \sum_{i \in \Omega_{n,j}^{bus}} \sum_{k \in \Omega_{n,s,i,t}^{EV}} (A_{n,s,i,k,t}^{ch} + A_{n,s,i,k,t}^{disch})$$
$$\cdot B_{n,s,i,k,j} \quad \forall s,t \quad \forall j \in \Omega_{n,CF} \qquad (3\text{-}86)$$

$$N_{n,j}^{CF} \geqslant N_{n,CF,s,t,j} \quad \forall s,t \quad \forall j \in \Omega_{CF} \qquad (3\text{-}87)$$

式中：$N_{n,CF,s,t,j}$ 表示在规划阶段 n 季节 s 时间断面 t 节点 j 占用的充电桩数量；$N_{n,j}^{CF}$ 表示在规划阶段 n 节点 j 全部的充电桩数量；$\Omega_{n,j}^{bus}$ 表示阶段 n 在节点 j 安装的充电桩集合；$\Omega_{n,s,i,t}^{EV}$ 表示阶段 n 在 s 季节 t 时间断面在充电站 i 的电动汽车集合；$\Omega_{n,CF}$ 表示阶段 n 所有充电桩安装的节点集合。

由于无论是正在充电还是正在放电的电动汽车都会占用充电桩，因此，每个充电站安装的充电桩数量都应满足电动汽车用户的充电需求。

（10）电动汽车用户充电需求约束计算公式为

$$A_{n,s,i,k,t}^{ch} = 1 \quad \forall s \quad \forall i \in \Omega_N \quad \forall k \in \{k \mid EV_{n,s,i,k} \in \Omega_{n,nd}\}$$

$$\forall t \in \{t \mid T_{i,k}^{ar} < t \leqslant T_{i,k}^{ar} + T_{i,k}^{park}\}$$

$$(3\text{-}88)$$

$$\sum_{t=T_{i,k}^{ar}}^{T_{i,k}^{ar}+T_{i,k}^{park}} (A_{n,s,i,k,t}^{ch} - A_{n,s,i,k,t}^{disch}) = Ceil\left[E_{n,s,i,k}/(P_{EV}^{rated} \cdot \Delta t)\right] \tag{3-89}$$

$$\forall s \quad \forall i \in \Omega_N \quad \forall k \in \{k \mid EV_{n,s,i,k} \in \Omega_{n,nd}\}$$

$$P_{n,s,t,j}^{EV} = P_{EV}^{rated} \cdot \sum_{i \in \Omega_{n,j}^{bus}} \sum_{k \in \Omega_{n,s,i,k}^{EV}} (A_{n,s,i,k,t}^{ch} - A_{n,s,i,k,t}^{disch}) \cdot B_{n,s,i,k,j} \tag{3-90}$$

$$\forall s,t \quad \forall j \in \Omega_{n,CF}$$

式中：$EV_{n,s,i,k}$ 表示阶段 n 在季节 s 到达节点 i 的第 k 辆电动汽车；$\Omega_{n,nd}$ 表示阶段 n 的不可充放电调度电动汽车集合；$P_{n,s,t,j}^{EV}$ 表示在阶段 n 节点 j 季节 s 时间断面 t 时的电动汽车电力需求。

同样地，电动汽车用户都倾向于优先保证在电动汽车离开时能够尽可能地充满电，因此，对于停留时间较短的电动汽车，则在停留时间范围内无法进行放电行为；而对于可以支持 V2G 行为的电动汽车，在离开时则应该保证其电量充满。

（11）多阶段模型关联性约束计算公式为

$$N_{n,i}^{MT} \leqslant N_{n+1,i}^{MT} \quad n \leqslant N-1 \tag{3-91}$$

$$N_{n,i}^{PV} \leqslant N_{n+1,i}^{PV} \quad n \leqslant N-1 \tag{3-92}$$

$$N_{n,j}^{CF} \leqslant N_{n+1,j}^{CF} \quad n \leqslant N-1 \tag{3-93}$$

式中：$N_{n+1,i}^{MT}$ 表示阶段 $n+1$ 在节点 i 已建的燃气轮机数量；$N_{n+1,i}^{PV}$ 表示阶段 n 在节点 i 已建的光伏数量；$N_{n+1,j}^{CF}$ 表示在规划阶段 $n+1$ 节点 j 已建的充电桩数量。

本节所介绍的多阶段规划模型求解流程图如图 3-11 所示。

3.3.3 实证分析

1. 算例参数设置

为验证上述优化方法的有效性，使用本书 3.2.3 中所用的测试系统进行仿真实验，如图 3-5 所示。合理假设电动汽车在初始阶段发展较快，而在后期发展速度减缓，因此，设置初期的规划期间隔时间

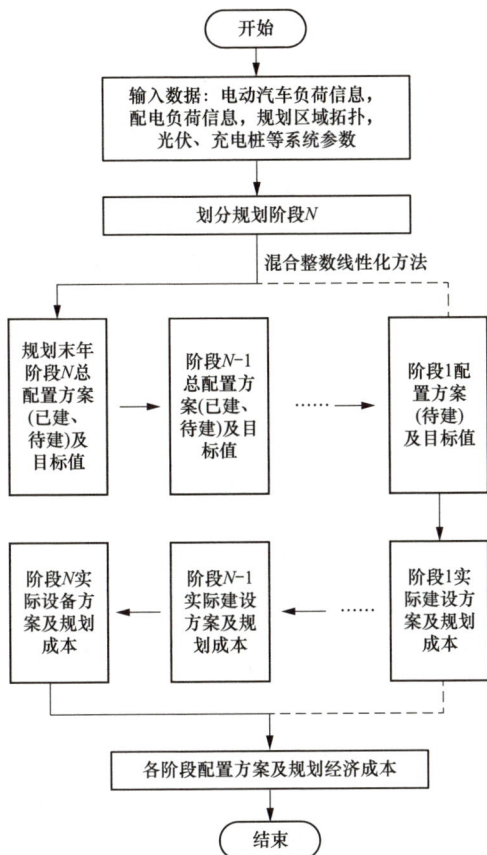

图 3-11　多阶段规划模型求解流程图

短，后期规划期间隔时间长。本文划定三个规划阶段，分别在第一年初、第三年初、第七年初，并假设第三年、第七年的负荷增长率分别为 30%、50%，并设定初始年规划区域内接入电动汽车总数为 100 辆，设定第三年与第七年电动汽车保有量增长率分别为 100%、200%。在 MATLAB 环境下，借助 YALMIP 工具箱调用 GUROBI 商业求解器对所构建的多阶段规划模型进行有效求解。系统相关参数设置与本书 3.2.3 一致。

2. 算例结果分析

为了验证多阶段逆序规划求解算法的可行性，本节基于算例测试系统对多阶段情形下的充电设施与分布式电源协同规划方案进行了求解，并与传统静态单阶段规划方案进行了对比分析，两种规划方法求解得到的规划结果分别为方案 1 和方案 2。其中，方案 1 各个规划阶段的分布式光伏以及充电桩的建设情况分布如表 3-4 所示，规划配置方案及成本对比如表 3-5 与图 3-12 所示。

表 3-4　　　　　　方案 1 分布式光伏及充电桩的分布情况

待建节点序号	阶段 1		阶段 2		阶段 3	
	光伏容量 （kVA）	充电桩数 （套）	光伏容量 （kVA）	充电桩数 （套）	光伏容量 （kVA）	充电桩数 （套）
2	0	6	0	2	0	4
6	1890	0	190	0	50	0
7	0	7	0	2	0	4
10	0	6	0	17	0	3
12	340	0	380	0	80	0
14	0	5	0	2	0	3
15	240	0	130	0	50	0
16	0	0	0	0	0	0
17	170	3	110	0	80	4
21	1910	4	0	4	40	3
24	1870	0	450	0	120	0
30	510	0	180	0	50	0
31	0	5	0	5	0	4
32	350	0	270	0	50	0
总建设数	7280	36	1710	32	520	25

由表 3-4 可以看出，在满足规划末年电动汽车充电负荷与用户配电负荷需求的前提下，光伏及充电设施的建设是循序渐进地进行，从而能够使得规划方案符合经济性与用户需求匹配度的要求，有效避免了单阶段静态规划方案中规划初期设备建设过于超前导致的资源浪费。

通过表 3-5 与图 3-12 可知，单阶段规划方案是在规划初期一次性建设光伏电站与充电桩设施，而多阶段规划方案是循序建设，根据不同阶段的电力负荷及电动汽车保有量水平逐个阶段进行规划，这使得有较多的光伏与充电桩是在第二和第三阶段进行建设，此时投资成本相比建设初年已经有了大幅下降，在各个阶段的运行维护的成本也大幅减少，综合总成本来看，多规划方案的收益是显著的。

表 3-5 　　　　　　　　规划配置方案及成本对比

方案及参数	阶段	阶段 1	阶段 2	阶段 3
方案 1	光伏容量（kVA）	7280	1710	520
	充电桩数量（套）	36	32	25
	规划年总成本（美元）	8.3554×10^5	7.1069×10^5	1.3438×10^6
	折合后规划总成本（美元）		2.5786×10^6	
方案 2	光伏容量（kVA）	9510	0	0
	充电桩数量（套）	93	0	0
	规划年总成本（美元）	1.1067×10^6	6.7553×10^5	1.2989×10^6
	折合后规划总成本（美元）		2.7810×10^6	—

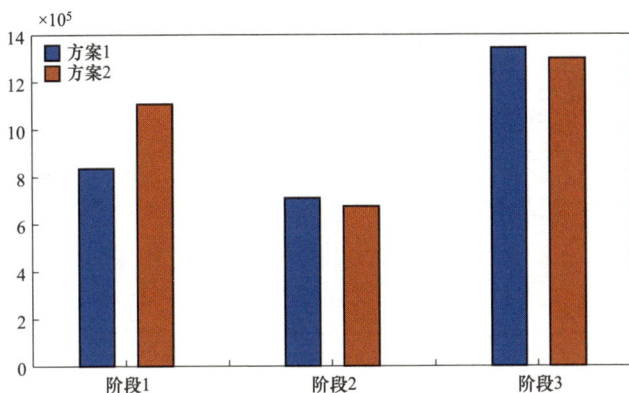

图 3-12 　各阶段成本比较

综合来说，考虑多阶段规划的方案 1 比仅仅考虑单阶段规划的方案 2 具有更好的经济性，通过对电动汽车充电设施进行多阶段规划，既能避免规划前期因为超前建设造成的光伏、充电站等设备冗余和额外的经济费用，又能够避免弃光现象的产生，提高对分布式光伏的消纳水平，由此也体现了多阶段规划方案相比于单阶段静态规划方案的优越性。

3.4　本章小结

本章分别从车桩网协同建模方法、充电设施协同规划方法、充电设施的多阶段规划方法等三部分内容详细讲述了车桩网协同的充电设施规划技术，首先构建了电动汽车、充电站、配电网以及分布式电源的模型，并以此为基础提出了电动汽车充电设施协同规划方法。在单一阶段计及电动汽车时间—空间可调度特性的充电设施协同规划模型的基础上，考虑了电动汽车充电需求及基础电力负荷增长，建立了充电站多阶段动态规划框架，针对多阶段规划中大规模交叉变量造成的求解复杂问题，提出了多阶段规划模型逆序求解方法，构建了充电设施多阶段规划模型。基于实际地区地理—电气耦合系统进行算例分析，说明了充电设施协同规划方法的合理性，表明该规划方法具有显著的经济效益。通过与静态单阶段规划方案对比，说明了充电设施的多阶段规划方法的可行性，体现了多阶段规划方案相比于单阶段静态规划方案的优越性。

第4章　车桩网数据清洗技术

本章为车桩网协同互动提供数据清洗技术，主要介绍在智能车桩网协同运行系统研究时所需的原始数据与其数据清洗技术，包括车桩网数据、数据清洗方法、异常数据检测与修正技术、多源数据融合技术。其中，数据需求部分从车、路网、电网、充电站等多方面总结所包含的数据；数据清洗方法部分主要介绍数据清洗流程、缺失值填补、噪声处理、冗余数据处理等方法提升数据质量；异常数据检测技术部分主要介绍基于分布、基于距离、基于密度、基于树等常见的异常数据检测技术以及相应的数据修正方法；多源数据融合技术部分主要介绍车辆信息、路网信息和电网信息数据时空对准、物理约束校验等融合处理技术。

4.1　车桩网数据分类

电动汽车在车桩网协同运行的背景下，将涉及交通路网、充电场站、配电网等多个主体，信息交互模式较为复杂。电动汽车作为交通工具和移动负荷的综合体，兼具行驶特性和充电特性，其出行规律、行驶路线和位置分布等会影响交通路网的道路通畅程度，而电池电量、行驶里程以及充电行为等会影响所在充电站的负荷水平，进而影响该区域配电网的安全与经济运行。反之，城市交通的拓扑结构和道路流量信息、配电网的运行状态和潮流分布、充电站的排队状况等信息会影响电动汽车用户的路径选择和充电决策。鉴于不同类型电动汽车出行特性和充电规律具有较大差异性，在大规模电动汽车的聚集行驶下，充电负荷将凸显出鲜明的时空分布特性。

在车路网耦合背景下，电动汽车、充电场站、交通数据中台、配电网等多主体协同运作，所涉及数据遍布于多个独立系统中，所含数据量大，交互需求重。交互机理如图 4-1 所示。

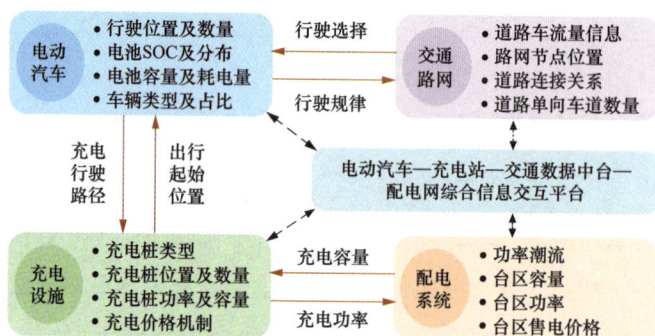

图 4-1　车桩网协同运行背景下数据耦合机理

4.1.1　电动汽车数据

电动汽车侧原始数据包含电动汽车基础数据参数、电动汽车电能补给方式、电动汽车类型、电动汽车行驶特性参数和电动汽车充电特性参数等。电动汽车基础数据参数详见表 4-1。

表 4-1　电动汽车基础数据参数

基础数据参数	含义	基础数据参数	含义
vid	车辆 id	veh_model_name	车型
rating_volume	标称容量	rating_energy	标称电量
rating_volt	额定电压	rating_current	额定电流
drive_range	工况续航里程	power_type	动力类型

用户根据自身意愿、充电习惯和充电需求紧急程度，选择适用于乘用车充电类型的电能补给方式。每种电能补给模式均具有各自独特的优势，同时也都存在一定的局限性，其具体见表 4-2。

表 4-2　电动汽车电能补给方式

补能方式	额定电压（V）	额定电流（A）	适用区域
慢速充电模式	220AC	16～32	居民区、商业区、工作区等
快速充电模式	400/750DC	125 250 400	居民区、商业区、高速公路、工作区等
换电模式	—	—	换电站

慢充模式采用 220V 交流输入电压，并通过车载充电机将交流电转化为直流电供电池充电。它具有小电流、低功率的特点，充电时间相对快充模式较长。然而，慢充模式在以下几个方面具有显著优势：成本上，它对电源要求较低，只需要使用 220V 交流电压即可达到供电标准，无需额外架设线路，安装方便且花费较低；对电池寿命的影响方面，由于慢充过程中充电电流较小，对车载电池的损害较小，可有效延长电池的使用寿命；对配电网的影响上，慢充模式的小电流和低功率特点，基本不会对配电网运行造成较大冲击，保障了配电网运行的安全性和可靠性。慢充模式适用于需要长时间停车的区域，如居民区、商场和停车场等场所。

快充模式采用的直流充电设施，具有大电流和大功率的特点。通过此设施进行充电仅需 20~30min 就可将电量充至 80%。相较于动辄近 10h 的慢充模式，快充能快速满足电能补给需求，具有显著的优势。但是该充电方式的局限性也十分显著：在成本方面，由于快充模式需要较大的电流，使得相关配套设施的安装成本远高于慢充模式；在影响车载电池寿命方面，大电流充电会加剧车载电池的老化和容量减小，从而对电池寿命造成较大的损害；在对配电网的影响方面，快充模式充电功率太大，当大量电动汽车在同一时间进行快充时，有可能对配电网的安全稳定运行造成冲击。因此，快充模式一般被应用于高速公路服务区和充电站等应急充电区域。

换电模式是一种通过更换车载电池进行补电的方式。当电动汽车的车载电池电量较低时，为了节省充电时间和提高充电效率，用户可以驱车至换电站将低电量电池更换为同一型号的满电量电池。换电站的工作人员会将更换下来的电池全部运至充电站，在配电网负荷低谷期进行统一充电。这种模式可以有效解决电动汽车用户排队等待和充电耗费时间长的问题。夜间补电也使其具有较强的可调度性，有利于减小峰谷差和降低充电负荷对配电网的冲击影响。然而，由于各品牌电动汽车电池的规格标准和使用性能无法统一，换电模式并没有得到广泛普及。再加上考虑到电动汽车保值能力不足而车载电池价格又较为昂贵，许多用户并不愿意在换电模式中投入大量资金。因此，换电模式一般只被大型企业如国有公司用于车辆运营中。

我国电动汽车类型众多，包含了私家车、出租车、公务车、物流车和公交客车等。

私家车在各类型电动汽车中占比最大、基数众多，这造成私家车用户每天的出行特性、行驶行为和充电行为都具有很大的随机性，通常研究中为了简化分析，将私家车运行方式划分为通勤用和非通勤用。通勤用私家车以上下班为主，往返于家和工作地之间，行驶路线较为固定，充电方式以慢充为主；非通勤用私家车多用在娱乐、购物等活动中，出行目的的多样导致该类电动汽车行驶行为和充电行为具有较大的差异性，充电方式主要由停留时间决定，可能快充，也可能慢充。

出租车在我国主要以双班制进行运营，一天由两至三名司机早晚换班驾驶。其出行次数频繁，行程目的地随机多变，每次行程间隔时间短，且由于电池电量关联于车主收入，电能补给模式以快充为主。

公务车平时出行主要以政府公务、公司商务等活动为主，在政府或公司没有外派任务时，公务车即可进行充电，且一般选择慢充方式；当电池电量告罄或不足以满足下次行程时，公务车则会选择快充方式进行补电。

物流车出行以配送货物为主，运营时间比较固定，一般在完成当天配送任务后开始进行充电，充电方式以慢充为主；当电池电量告罄或不足以满足下次行程时，物流车也会选择快充方式进行补电。

公交车多由国有单位运营，出行目的和行驶路线都固定不变，电池容量大，续航里程远，且为满足民众出行需要，基本全天都处于运行状态，所以白天多采用换电方式进行电能补给，晚上则换电补给或慢速充电均可。换电模式下充电负荷特性比较固定。

电动汽车兼具交通工具和移动负荷属性，其行驶行为和充电行为会对交通路网和配电网运行产生影响。大规模电动汽车的随机行驶可能导致交通路网局部道路的拥堵，电动汽车的行驶特性也将影响充电行为，因此，有必要将电动汽车行驶特性参数纳入考量。电动汽车行驶特性参数详见表 4-3。

表 4-3　　　　　　　　　电动汽车行驶特性参数

行驶特性参数	含义	行驶特性参数	含义
N_{ev}	电动汽车编号	t_{total}	行驶时间
Type	电动汽车类型	t_d	到达目的地时刻
L_o	起始点	t_f	返回时刻
L_d	终点	path	行驶路径
L_t	t 时刻所在位置	R	剩余里程
t_s	初始出行时刻	T_k	路段通行时间

电动汽车的快充需求将加大配电网的负荷负担，不利于配电网安全与经济运行；此外，当电动汽车行程途中触发充电需求时，大部分用户会选择就近充电，不确定的充电路线选择和无序的充电行为将造成充电设施利用不均衡的现象，不仅影响区域配电网电能质量，还会导致充电站周边交通拥堵并降低部分充电运营商的盈利水平。因此，有必要将电动汽车充电特性参数纳入考量。电动汽车充电特性参数详见表 4-4。

表 4-4　　　　　　　　　电动汽车充电特性参数

充电特性参数	含义	充电特性参数	含义
C_{node}	充电节点编号	t_{slow}	慢充需求触发时刻
C_o	初始电池电量	t_a	到达充电站时刻
C_t	t 时刻电池电量	t_{sc}	充电开始时刻
C_r	电池额定容量	T_{wait}	充电等待时长
Δ_E	每公里耗电量	T_c	充电时长
P_c	充电功率	t_{end}	充电结束时刻
t_{fast}	快充需求触发时刻		

4.1.2 交通路网数据

对于路网侧的数据，多以图论描述路网内道路节点和不同道路之间的连接关系。其原始数据包含道路节点、有向弧、长度、路阻、道路等级等。其具体内容详见表 4-5。

表 4-5 路 网 参 数

路网参数	含义	路网参数	含义
V	道路路口节点集合	lon，lat	节点经纬度
E	道路有向弧段集合	l_{ij}	路段 e_{ij} 的长度
v_i	节点编号	R	道路等级权值集合
m	节点数量	r_{ij}	路段 e_{ij} 的道路等级
L	路段长度权重集合	e_{ij}	节点 i 与 j 连接关系

4.1.3 充电桩数据

充电桩侧原始数据包含充电桩侧基本数据、充电桩侧运行数据，其具体内容详见表 4-6。

表 4-6 充 电 桩 数 据

充电桩数据	含义	充电桩数据	含义
cid	充电桩编号	lon，lat	位置
c_type	输出类型	rating_input_volt	额定输入电压
rating_input_current	额定输入电流	rating_output_volt	额定输出电压
rating_output_current	额定输出电流	rating_power	额定输出功率
serv_time	服务时间	state	使用状态
start_time	开始时间	end_time	结束时间
start_soc	开始 soc	end_soc	结束 soc
time_length	持续时长	max_total_current	最大总电流
min_total_current	最小总电流	start_total_current	开始总电流
end_total_current	结束总电流	avg_total_current	平均总电流
max_cell_volt	单体最大电压	min_cell_volt	单体最小电压
avg_total_volt	平均电压	start_max_cell_volt	开始最大单体电压
start_min_cell_volt	开始最小单体电压	end_max_cell_volt	结束最大单体电压
end_min_cell_volt	结束最小单体电压	start_total_volt	开始总电压

充电桩数据	含义	充电桩数据	含义
end_total_volt	结束总电压	start_avg_cell_volt	开始平均单体电压
end_avg_cell_volt	结束平均单体电压	max_avg_cell_volt	最大平均单体电压
min_avg_cell_volt	最小平均单体电压	max_cell_diff_volt	最大单体电压极差
start_avg_temp	开始平均温度	end_avg_temp	结束平均温度
avg_temp	平均温度	max_avg_temp	最大平均温度
min_avg_temp	最小平均温度	max_cell_diff_temp	最大温度极差
max_cell_temp	最大探测温度	min_cell_temp	最小探测温度
start_max_cell_temp	开始最大单体温度	start_min_cell_temp	开始最小单体温度
end_max_cell_temp	结束最大单体温度	end_min_cell_temp	结束最小单体温度
max_power	最大功率	min_power	最小功率
avg_power	平均功率	charge_c	充电倍率
charge_energy	充电总电量	charge_volume	充电电容量
cell_nu	单体电池总数	cell_pack_nu	电池包总数

4.1.4　电网数据

电网同样多以图论方法描述，其研究用到的原始数据如表 4-7 所示。

表 4-7　配 电 网 数 据

配网数据	含义	配网数据	含义
N_D	节点信息集合	$m(t)$	t 时刻接入快充桩的电动汽车的总数量
B	线路信息集合	$n(t)$	t 时刻接入慢充桩的电动汽车的总数量
G	发电机位置和容量信息集合	h	配电网结点总个数
$P_{i,fast}(t)$	t 时刻第 i 辆电动汽车的快充功率	$P_{i,slow}(t)$	t 时刻第 i 辆电动汽车的慢充功率

4.2　数据清洗技术

4.2.1　数据清洗流程

数据清洗的基本流程一共分为 5 个步骤，分别是数据分析、定义数据清洗的策略和规则、搜寻并确定错误案例、纠正发现的错误和干净数据回流。其流程见图 4-2。

图 4-2　数据清洗流程

接下来在车桩网协同运行的背景下，对数据清洗的各个基本流程进行分解。

（1）数据分析。数据分析是数据清洗的前提和基础，通过人工检测或者计算机分析程序的方式对原始数据源的数据进行检测分析，从而得出原始数据源中存在的数据质量问题。

（2）定义数据清洗的策略和规则。根据数据分析出的数据源个数和数据源中的脏数据程度定义数据清洗策略和规则，并选择合适的数据清洗算法。

（3）搜寻并确定错误实例。搜寻并确定错误示例的步骤包括自动检测属性错误和检测重复记录的算法。

手工检测数据集中的属性错误需要花费大量的时间、精力以及物力财力，并且该过程本身容易产生错误，所以需要使用搞笑的方法自动检测数据集中的属性错误，主要检测方法有基于统计的方法、聚类方法和关联规则方法。

检测重复记录的算法可以对两个数据集或者一个合并后的数据集进行检测，从而确定同一个显示主题的重复记录，即匹配过程。检测重复记录的算法有基本的字段匹配算法、递归字段匹配算法等。

（4）纠正发现的错误。根据不同的脏数据的存在形式，执行相应的数据清洗和转换步骤解决原始数据源中存在的质量问题。需要注意的是，对原始数据源进行数据清洗时，应该将原始数据源进行备份，以防需要撤销清洗操作。

为了方便处理单数据源、多数据源以及单数据源与其他数据源合并的数据质量问题，一般需要在各个数据源上进行数据转换操作。

1）属性分离（从原始数据源的属性字段中抽取属性值）。原始数据源属性一般包括很多信息，这些信息有时需要细化成多个属性，便于后续清洗重复的记录。

2）确认并改正。确认并改正输入和记录的错误，然后尽可能地使该步骤自动化。

3）标准化。为了便于记录实例匹配和合并，应该将属性值转换成统一的格式。

（5）干净数据回流。当数据被清洗后，干净的数据替代原始数据源中的脏数据，这样可以提高信息系统的数据质量，还可避免将来再次抽取数据后进行重复的清洗工作。

4.2.2 数据缺失值处理

缺失值的清洗方法主要分为两类，即忽略缺失值数据和填充缺失值数据。

1）忽略缺失值数据方法是直接通过删除属性或实例忽略缺失值的数据。

2）填充缺失值数据方法是使用最接近缺失值的值代替缺失值，包括人工填写缺失值，使用一个全局常量填充空缺值（即将缺失的值用同一个常量替换）以及使用属性的平均值、中间值、最大值或最小值填充缺失值，或使用最可能的值来填充（通过贝叶斯、回归、决策树归纳等方法确定的值）。

4.2.3 噪声数据处理

噪声数据是指数据中存在着错误或者异常（偏离期望值）的数据，是无意义的数据。其清洗方法主要包括使用统计分析的方法识别可能的错误值（如偏差分析、分布分析、回归分析等）、使用简单规则库（即常识性规则、行业特定规则）检测错误值、使用不同属性间的约束以及使用外部的数据、基于机器学习的检测方法等检测和处理错误值。其具体处理和修正方案将在本章4.3中详细阐述。

4.2.4 冗余数据处理

冗余数据即无用数据和重复数据。

目前，清洗重复值的基本思想是"排序和合并"。清洗重复值的主要方法有相似度计算和基于近邻排序算法等。

（1）相似度计算是通过计算记录个别属性的相似度，然后考虑每个属性的不同权重值，进行加权平均后得到记录的相似度，若两个记录相似度超过某一个阈值，则认为两条记录匹配，否则认为这两条记录指向不同的实体。

（2）基于基本近邻排序算法的核心思想是为了减少记录的比较次数，在按关键字排序后的数据集上一个大小固定的窗口，通过检测窗口内的记录判定他们是否相似，从而确定并处理重复的记录。

4.3 异常数据检测与修正技术

4.3.1 基于统计学的异常数据检测

基于统计学的方法是在基于规则的方法无法解决的情况下，异常检测领域早期使用的方法，相对来说该方法已经比较成熟，其优点是可解释性强、易操作，缺点是针对高维数据的处理存在很大的局限性。但是在对于某些低维数据进行异常检测时，比如业务指标数据，统计学的方法往往是首选，因为它可以简单快速地定位到异常值。

在一个统计问题中，其研究对象被称为一个总体。利用统计学知识，可以利用概率密度函数或者概率分布函数去描述该总体，这是统计学中的一大工具。另外，通过对样本进行观测以期获得总体更多信息，并利用统计量（样本的函数）对其进行描述，因此，统计量是统计学中的另一大工具。而基于统计学方法的异常检测，也是围绕这两大工具，即基于统计学的异常检测方法主要有基于概率密度和分布的方法和基于统计量的方法。

（1）基于概率密度和分布的方法。目前，基于分布的方法进行异常值检测的核心思想是两步走。首先，根据经验或已知信息假设数据服从某种特定分布；其次，计算各数据点属于该分布的概率，根据统计学中的小概率原理，可以通过给定一个特定阈值来判断数据是否异常。

在基于概率密度和概率分布方法的异常检测中，HBOS方法是一个基于统计学方法十分具有代表性的方法，该方法是一种基于直方图的无监督异常检测方法，是单变量直方图的一个组合模型，可很好地解决统计学方法在处理高维数据的缺陷。最常见的基于分布的异常检测方法是 3σ 原则。

日常应用中的 3σ 原理，是指在假定一个总体近似服从正态分布的前提下，通过对数据标准差和均值的计算来判断数据点是否异常。在正态分布的假设下，大约有 99.74% 的数据点应该落在三个标准差内，如果在一次观测中数据点落入到了三个标准差外，则认为该点是异常点。如图 4-3 所示，可以更直观地发现落在三个标准差外的概率很小。除了 3σ 原则外，还有基于多元正态分布的异常检测、基于尾

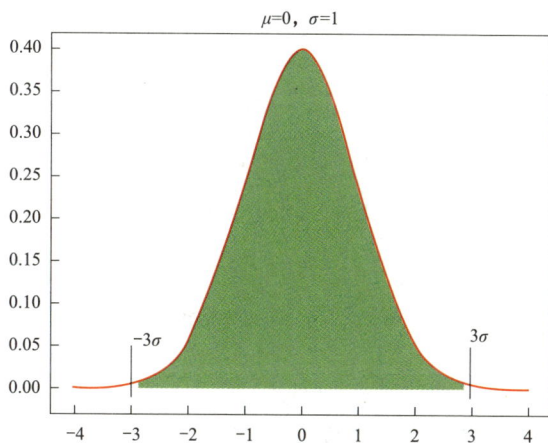

图 4-3 3σ 原则示意图

部置信度检验的异常检测等，都是基于统计学的原理，根据数据的分布特征进行异常检测的技术。

（2）基于统计量的方法。基于卡方统计量的异常检测方法，主要应用信息系统的入侵检测。常见的基于统计量的异常检测方法有箱线图法、z-score 等方法。箱线图是根据一组样本中的三个分位数及其之间的运算所得到的，即根据 25％分位数、中位数、75％分位数以及上边界、下边界得到。

记 25％分位数为 Q_1，75％分位数为 Q_3，记四分位距离为 IQR，则有 $IQR = Q_3 - Q_1$，则上边界 $= Q_3 + 1.5IQR$，下边界 $= Q_1 - 1.5IQR$。箱线图提供的判断异常值的标准是，当数据点小于下边界或者大于上边界时，便会判断为异常值。

另外，箱线图是根据实际数据集进行绘制的，它不需要假定数据总体服从某种特定的分布，同时四分位数受异常值的干扰较小，有较强的鲁棒性。因此，箱线图对于异常值的识别是比较客观且准确率相对来说也较高。而且可以根据实际应用情况，设定异常的阈值，对于上下边界的选取不一定用 1.5 倍的四分位距离，可根据具体情况而定，灵活度较高。

除了上述的两种方法，根据统计学原理进行异常检测的技术还有一种基于时间序列的异常检测方法。时间序列数据本身是一种特殊的数据，它的数据中不仅含有随机变量的信息，还包括时间信息。针对性能型指标的异常检测，可以使用时间序列的常用方法，比如平滑、移动平均等方法进行异常检测，同时基于深度学习的长短时记忆人工神经网络方法也是基于时间序列的方法，可应用于异常检测。2017年 Min 等人提出了基于该方法的日志异常检测模型，是一种新的基于时间序列的异常检测方法。

4.3.2　基于机器学习的异常数据检测

相对基于规则的技术和统计学技术，基于机器学习的异常检测技术会更加的智能化，它通过机器学习算法从海量的数据中自主进行模式学习和训练，进而挖掘得到异常预警的机制规则。一方面机器学习大大提高了异常值判断的准确率，另一方面也大大节约了异常检测的成本和效率；虽说机器学习的方法相对于传统方法和统计学的方法十分复杂，但因其自动化和智能化的特点，比较适合高维数据和大数据的异常检测。机器学习方法根据数据是否有标签可分为无监督学习、半监督学习和有监督学习，同时还有将弱学习器集成一个强学习器的集成算法。

（1）无监督学习算法。无监督的异常检测技术不需要有"数据是否异常"的标签，而在实际应用中，数据是否异常的标签很难获得，所以无监督的异常检测技术十分受欢迎。无监督的方法可以用于异常检测，其原理是基于正常样本的量级远大于异常样本，且正常样本和异常样本明显来自不同的模式，其特征存在很大差异的基本假设，通过密度、距离、相似度等度量方式对样本进行划分。无监督的异常检测技术主要可以分为基于距离聚类的方法（如 K 均值聚类）、基于密度聚类的方法（如 DBSCAN）、基于局部相对密度的方法（如局部异常因子算法）、基于相似性度量的方法（如一类支持向量机），以及基于隔离树的方法（如孤立森林）。

基于无监督学习的异常检测虽然在实际中应用广泛，但存在很多应用痛点与难点。比如基于聚类方法的异常检测方法相对而言简单且快速，但是在该类方法中异常检测只是聚类附带的功能，所检测到的异常值是算法的副产物，因此，该类方法的异常检测准确度对聚类算法要求极高。再比如基于相似性度量的方法在进行异常检测时，对样本间的相似性计算是需要在原始特征空间中进行，但对于高维数据进行异常检测，往往需要对数据的特征空间进行降维，此时可能会降低此类方法的异常检测精度。而基于隔离树的孤立森林方法，不需要对数据进行降维，其基于集成学习的思想在众多无监督的异常检测方法中显得十分突出。

（2）半监督学习算法。半监督的异常检测学习算法与无监督学习算法的区别源于数据集的不同。在半监督的机器学习中，其模型训练所使用的数据集中含有"数据正常"的标签，即只对正常的数据打上标签。半监督学习的任务就是根据已有的正常数据学习一个"正常"模型，并记录异常度样本与"正常"模型之间的偏差，一旦异常度超过某个阈值，便会给出异常预警信号。常见的半监督异常检测方法有自编码、生成式对抗网络等方法。在实际应用中，带有"正常"标签的数据的获取比较困难，但相对于获得"是否异常"的标签较为容易，为了从这部分标记样本中得到更多的信息，基于半监督学习的异常检测技术得到了发展。目前，基于半监督学习的异常检测技术大多是深度学习领域。

（3）有监督学习算法。有监督的异常检测显然是需要训练模型所需要的数据集含有"是否异常"的标签，算法会通过学习数据集中的标签来建立异常预测模型，并对未知类别的样本进行异常预测，输出正常或异常的预测标签。但是在实际中，虽然随着互联网的高速发展，数据的获取变得更为容易，但是对数据进行异常标注仍然面临着难以逾越的困难，尤其是流量数据。所以有监督的异常检测所面临的瓶颈是数据的获取，一旦解决了数据获取的问题，有监督的异常检测方法将得以广泛应用。

常见的可以用于异常检测的有监督学习方法有 K 近邻算法、决策树、朴素贝叶斯和逻辑回归等常用算法，同时还有随机森林、自适应提升树、梯度提升树等具有集成思想的学习方法。

4.3.3　异常数据修正

目前，基于数据挖掘的异常数据修正方法按修正原理大致可概括为两种。

（1）基于预测的修正方法。基于预测的异常数据修正方法通常将预测的数值作为异常数据的修正值，主要的预测方法有人工神经网络和灰色模型。其中，人工神经网络因自身强大的学习能力和非线性映射能力在不同背景的数据预测中充当预测模型。

（2）基于特征曲线的修正方法。基于特征曲线的异常数据修正方法实质上是通过聚类算法提取所有曲线聚类中心，并将这些中心曲线视为特征曲线，然后按照相关修正原理实现对曲线中异常数据点修正的方法。

4.4　多源数据融合技术

（1）空间对准。各数据采集分析平台使用经纬度坐标的方式来显示传感器的自身位置，并且不同观测传感器汇报的目标位置均是以自身为基点的局部地理位置，为了集中控制和操作，需要将各平台的观测信息转换到统一的坐标系下，为此，地面目标的坐标形式需要从本地极坐标转换为本地直角坐标，再在传感器坐标的辅助下，转换为地理经纬度坐标。

（2）时间对准。时间对准将各数据采集分析平台对于同一目标的监测同步到统一的时间序列上。由于各数据采集分析平台对目标的监测是相互独立的，且监测周期也不相一致。报文的通信传输也会造成到达数据融合识别处理中心的时间有所区别。因此，对于数据采集分析平台的监测量测到达融合中心的时间需要选用恰当的时间对准方法，在融合之前对不同步的数据进行同步。

选定某个时间作为标准时间，将所有数据采集分析平台的时间都统一到该标准时间上，使所有数据采集分析平台能处于同一时间序列上，然后各数据采集分析平台将量测数据以报文形式上报到数据融合识别处理中心，中心运用时间对准算法，将各数据采集分析平台的数据对准到采样周期较长的某个数据采集分析平台量测数据上。常用的时间对准方法有以下两种：最小二乘规则对准方法和内插（外推）法。

4.5 本章小结

本章介绍了车桩网协同互动背景下的数据清洗技术，首先，根据不同子系统分别介绍了协同分析时所需的原始数据，包括电动汽车数据、交通路网数据、充电桩数据、电网数据等，以及在车路网耦合背景下，多主体协同运作的数据需求及交互机理。其次，介绍了数据清洗技术，包括数据清洗流程、数据缺失值处理、噪声处理和冗余数据处理技术。然后就异常数据介绍了异常数据检测与修正技术，包括基于统计学的异常数据检测技术（如基于概率密度和分布的方法和基于统计量的方法）、基于机器学习的异常数据检测技术（如无监督学习、半监督学习和有监督学习）以及异常数据修正技术（基于预测的修正方法和基于特征曲线的修正方法）。最后介绍了包含空间对准和时间对准的多源数据融合技术。

第 5 章　车桩网数据建模技术

本章为车桩网协同运行数据建模技术，包括数据模型简介和常见的数据建模技术。其中，数据模型主要介绍概念、分类、流程；数据建模技术主要介绍基于 E-R 图的传统关系型数据建模技术、基于 Hadoop 的 NoSQL 数据建模技术和基于知识图谱的图数据建模技术，最后，根据车桩网具体的数据，进行数据建模。

5.1　数据模型概念

在信息技术飞速发展的时代，计算机技术为解决技术问题提供很多帮助，但由于计算机语言与人类语言的差异，计算机科学家必须抽象现实世界中的问题，使其既可以为计算机用户所理解，又可以在计算机内加以表示和操作（参见图 5-1）。这就意味着现实中的复杂情景必须被精简为能够被计算机理解的模型，现实中的具体事物，如人、物、活动、概念要转换成计算机能处理的数据。数据模型（Data Model）作为模型中的一种，实现了对现实世界向信息世界的抽象过程以及信息世界向计算机世界的转化过程，是数据、数据联系、数据语义以及一致性约束的概念工具的集合。

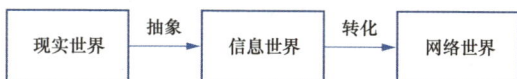

图 5-1　数据模型抽象过程

数据模型按不同的应用层次分成三种类型：分别是概念数据模型、逻辑数据模型、物理数据模型。

（1）概念数据模型（Conceptual Data Model）。简称概念模型。概念模型主要用于描述现实世界的概念化结构，是对现实世界的第一层次的抽象描述。由于比较侧重于描述，又不受具体的数据管理系统（Database Management System，DBMS）的限制，所以概念数据模型一方面应该具有较强的语义表达能力，能够方便、直接地表达应用中的各种语义知识，另一方面应该简单、直观和清晰，能为不具备专业知识或者专业知识较少的用户所理解。常常被用于数据库设计工作的初始阶段。

概念数据模型的表示方法很多，其中最常用的是 P. P. S. Chen 于 1976 年提出的实体—联系方法（Entity Relationship Approach），简称 E—R 方法或 E—R 模型，其涉及的概念定义如下。

● 实体（Entity）：客观存在并可相互区别的实物。

● 属性（Attribute）：实体所具有的某一个特性。

● 码（Key）：唯一标识实体的属性集。

● 实体集（Entity set）：同一类型实体的集合。

● 实体型（Entity type）：对具有相同实体名称以及属性名称的实体的描述。

● 联系（Relation）：实体（型）内部各实体之间的关联和不同实体（型）之间的关联。

（2）逻辑数据模型（Logical Data Model）。逻辑数据模型是根据业务之间的规则产生的，是关于业务对象、业务对象数据以及业务对象彼此之间关系的蓝图对概念模型的进一步具体化，是对概念模型中定义的各项实体的描述进一步细化，且进行范式化处理。不同于概念数据模型，逻辑数据模型作为用户从数据库角度能看见的数据模型，主要平衡的是系统与用户之间的关系，其受制于 DBMS 的实现，但不考虑物理上的实现。

作为数据库系统的核心和基础，逻辑数据模型涵盖数据结构、数据操作和数据完整性约束条件三个部分：

● 数据结构（Data structure）：主要描述数据的类型、内容、性质以及数据间的联系等。数据结构是数据模型的基础，数据操作和约束都建立在数据结构上。不同的数据结构具有不同的操作和约束。

● 数据操作（Data manipulation）：数据模型中数据操作主要描述在相应的数据结构上的操作类型和操作方式。

● 数据约束（Data constraint）：数据模型中的数据约束主要描述数据结构内数据间的语法、词义联系、之间的制约和依存关系，以及数据动态变化的规则，以保证数据的正确、有效和相容。

逻辑数据模型是开发物理数据库的完整文档，逻辑数据模型主要采用的是层次模型、网状模型、关系模型。

● 层次模型：以树结构为基础，将数据组织成一对多关系的结构，层次结构采用关键字来访问其中每一层次的每一部分，典型代表是 IMS 模型。

● 网状模型：以网状结构为基础，将数据组织成多对多关系的结构，用连接指令或指针来确定数据间的显式连接关系，典型代表是 DBTG 模型。

● 关系模型：以二维的记录组或数据表为基础，利用各实体与属性之间的关系进行存储和变换，是三种模型中最常使用的一种。

（3）物理数据模型（Physical Data Model）。物理数据模型的主要工作是根据逻辑数据模型中的实体、属性以及关系等要素定义详细的物理结构以及数据查询方法，从而实现对真实数据库的描述。作为现实世界向计算机世界转化的进一步衍生，物理数据模型不仅需要考虑现实实体的抽象问题以及 DBSM 的实现问题，更要考虑到计算机系统的硬件环境以及操作系统的问题。物理数据模型中包括表、列、视图、主键、候选键、外键、存储过程、触发器、索引、完整性检查约束等。

总而言之，从概念数据模型到逻辑数据模型再到物理数据模型的过程就是将现实世界的存在映射到计算机网络模型的过程。在这个过程中，概念数据模型主要解决了"是什么"的问题；逻辑数据模型主要解决了"做什么"的问题；物理数据模型主要解决了"怎么做"的问题，三种模型由浅入深，不断将模型实例化、具体化，使其既能够比较真实地反映现实世界，又能够让人们轻易理解，还能够在计算机上运行三个目标。

5.2 数据建模技术

5.2.1 传统关系型数据建模技术

关系型数据库（Relational database）是指建立在关系模型基础上的数据库，一般由相互连接的多张二维行列表格组成，一般面向记录。表 5-1 所展示的即为关系型数据库的一份简单数据文件。

表 5-1 数 据 文 件 示 例

学号	姓名	院系	专业	年级
223065	许晓鹏	软件学院	电子信息	二
256240	徐艺涵	外语学院	葡萄牙语	一
226320	庆黎枢	软件学院	软件工程	二

这样一张二维表是一系列二维数组的集合，其内容包含各项实体的信息以及不同实体之间的关系，其中一些常见的概念如下。

●列：也可称为字段或属性，是表中纵向数据的集合，列在定义的同时也决定了表中数据的数据结构。

●行：也可称为元组或记录，是表中横向数据的集合，一般代表一个实体以及其众多属性，可以看作在已有数据结构下的实体对象。

●主属性：也可称为主键，是属性中可以唯一标识一个记录的属性。主属性可以为一列也可以为多列，在上表中"学号"这一属性就可被看作主属性。

除去对实体以及属性有数据记录作用数据文件，关系型数据库还要涵盖全面的数据操作能力，这样才能对文件格中的数据进行查询或更改，更加贴近实际的用途，这就必须提及与数据库配套的管理系统以及操作语言。

结构化查询语言（Structured Query Language），也可简称为 SQL，是最为基础也是应用最为广泛的关系型数据库操作语言。其能够对数据进行的具体操作可总结为以下几类。

● 数据定义语言 DDL（Data Definition Language）

该类语言主要用来定义数据库中的对象，常由数据库管理人员执行，包括：

➢ 创建数据库

➢ 删除数据库

➢ 定义数据类型

➢ 创建表

➢ 删除表

● 数据操作语言 DML（Data Manipulation Language）

该类语言主要用来更改数据，包括：

➢ 插入行或列

➢ 删除行或列

➢ 更新数据（即修改行或列的内容）

● 数据控制语言 DCL（Data Control Language）：

该类语言主要用于权限的授权与回收，包括：

➢ 创建用户

➢ 删除用户

➢ 授权用户

➢ 撤销授权

● DQL（Data Query Language）：数据查询语言

该类语言主要用于查询数据库中的内容，包括：

➢ 查询列或行内容

➢ 查询列数或行数

➢ 条件查询

通过上述 SQL 的一系列操作手段，数据库管理人员可以轻松地对系统进行维护，而用户也可以方便地查询和使用关系型数据库中存储的数据。另外，就使用的广泛性而言：经由几十年的发展，关系型数据库的操作系统种类众多，其中较为出众的有 MySQL、MariaDB、Oracle、SQL Server 等，而这些系统均适配于 SQL。

除去数据文件以及数据操作，关系型数据库还可以设定一些作用于数据的规则，被称为数据约束，列举如下。

● 主键约束：填入的数据必须能在本表中唯一标识本行。且必须提供数据，不能为空。

● 外键约束：一个表中的某字段可填入数据取决于另一个表的主键已有的数据。

● 检查性约束。

当然，这些规则也可以根据不同的应用场景，按照实际需求由数据库的管理人员来设定，形式多样。例如，设定某两个属性相加为定值等。

最后，作为有着长久发展经历的成熟技术工具，传统关系型数据库本身也具有如下四个特性。

● 原子性（Atomicity）。

事务常常由多步操作构成，不同步的操作在正确性上又相对独立性。原子性强调只有一个事务中的所有操作都正确时，该事务才算执行成功；而如果事务在执行过程中某一操作出现错误时，应该对之前正确的操作进行回退，视为一次执行失败。

● 一致性（Consistency）。

当事务发生时，一致性强调事务发生前后，系统的完整性约束没有被破坏，即数据库事务不能破坏关系数据的完整性及业务逻辑上的一致性。

● 隔离性（Isolation）。

不同的事务可以并行发生，隔离性强调多个事务作用于同一个数据时，未完成的事务之间不会互相影响，即运行的事务看不到其他未完成事务对数据即将进行的修改。

● 持久性（Durability）。

事务执行成功后，持久性强调，成功执行的事务对数据的修改是永久性的，这种修改被写入存储介质，系统的死机断电也不会对其产生影响。

这些被称为 ACID 规则的特性保证了关系型数据库的稳定运行。

5.2.2　非关系型数据建模技术

非关系型数据库（NO Relational database）是不同于传统关系型数据库的数据建模技术，简称为 NOSQL。从字面上理解 NOSQL 可解释为"不是 SQL"，但随着该技术不断发展成熟，对其更贴切应该为"不仅仅是 SQL"。

NOSQL 最开始出现是为了解决 SQL 应对海量数据管理效率低下的问题。在大数据时代，互联网数据量和用户人数都有着爆炸式的增长，计算机的软硬件水平有了较大提升，其需要应对的数据处理需求也有了很大变化。这些巨大的改变导致传统关系型数据库在高并发读写、海量数据的高效率存储和访问以及动态拓展等领域遇到很大的困难，NOSQL 应运而生。

为了解决上述问题，NOSQL 从 ACID 中的"C"入手，对一致性进行削弱，将其替换为强一致性和最终一致性（允许短暂的数据不一致，但最终形态数据是一致的）两个层次，以换取更高的可用性。

此外，为了提高查询以及更改数据的效率，NOSQL 在数据库的模式设计上做了明显的改动，其中有三条比较重要的建模设计思路。

● 反规范化（Denormalization）。

该建模思路可以理解为把相同的数据复制到多个文档或数据表

中，或者让用户数据能匹配一个特定的数据模型。图 5-2 所示为规范法和反规范法的简单示例。

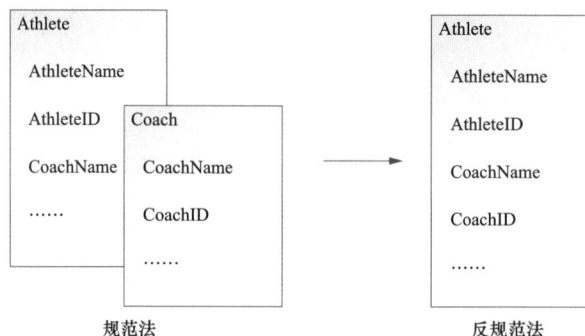

图 5-2　规范法与反规范法

可以发现，反规范法作用后，不同数据结构中会出现重复内容，例如，图中的"CoachID"一项，这样会加大数据的存储量，但是由于有这样一个特定的数据结构，当用户查询某个"Athlete"的"CoachID"信息时，不需要经过冗余的搜索过程，而是可以直接获得答案，从而实现了对查询处理过程简化和优化。

● 聚合（Aggregate）。

该建模思路可以理解为给予数据存储格式更松散的结构，允许将具有不同属性但相互关联的实体归结为一个类，然后利用原子操作（atomic operation）进行数据更新操作。图 5-3 所示为规范法与聚合的简单示例。

可以看出，聚合后的数据结构中，将不同的产品归结为一个类，只要设定不同的"type"以及对应的"Details"，就可以通过"Product"同时对所有实体进行建模和管理，这样在例如网络购物等拥有很多属性互异但又有关联性的实体的场合发挥重要作用。

● 应用端连接（Application Side Joins）。

该建模思路可以理解为在实体内容被频繁修改的场合，不宜将结构设置为静态结构，而是更宜更改的链接结构。也就是当变更出现

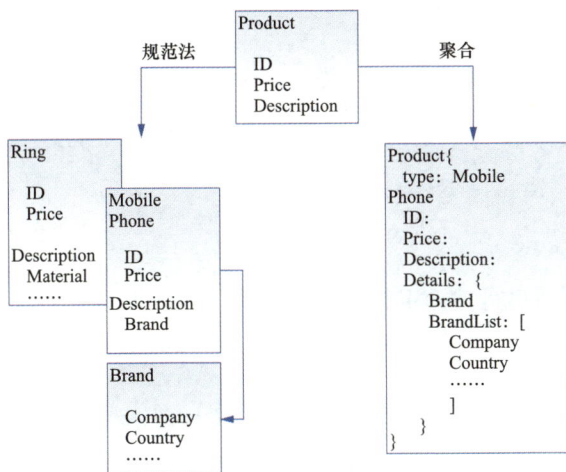

图 5-3　规范法与聚合

时，将他们保存为独立的实体，都连接到同一个主体，然后再将它们连接到不同的查询端口，形成多对多结构。图 5-4 所示为应用端连接的简单示例。

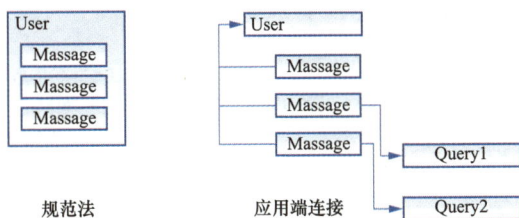

图 5-4　规范法与应用端连接

　　可以看出，经过应用端连接后的数据结构，比原先的静态结构具有更高的灵活性，是一种动态的存储结构。在数据变更频繁的场合，这样的结构可以避免静态结构下对实例的修改步骤，又通过多对多结构简化了查询的流程，具有较高的便利性。

　　综合来看，和"数据"导向的 SQL 不同，NOSQL 更像是"问题"导向，它优先考虑应用场合可能会遇到一系列查询需求，用这些需求来引导数据结构的建模，对数据库的初始设计要求更高。下面是一些较为著名的 NOSQL 模型及其对应的产品。

● 键值存储。

该模型结构和普通数组一样，一个键对应一个值，但没有普通数组那么强的约束，其键和值的数据类型比较多样。主要产品有 Oracle Coherence、Redis、Kyoto Cabinet。

● BigTable。

该模型通过行关键字组织数据，但每一行中的分区（Tablet）是动态分配的，这样方便调整使负载均衡。而数据结构方面，不仅存在列，还有列簇和时间戳这两种结构，其中，列簇是多个列的集合，访问控制、磁盘和内存的使用统计都是在列族层面进行的；时间戳是用作区分同一实体的不同时间的数据。主要产品有 Apache HBase、Apache Cassandra。

● 文档数据库。

该模型的值直接存储在文档中，而且文档的结构没有固定的形式。主要产品有 MongoDB、CouchDB。

● 全文搜索引擎。

该模型与文档数据库类似，但两者对索引的编组依据不同，文档数据库是根据字段名对索引进行编组，而搜索引擎是使用字段值对索引编组。主要产品有 Apache Lucene、Apache Solr。

● 图形数据库。

顾名思义，该模型使用图形存储数据，其他具体细节将在下节中介绍。主要产品有 Neo4j、FlockDB。

5.2.3 图形数据建模技术

图形数据库中引入了 SQL 以及其他 NOSQL 中都不具有的图形结构，从而具有更加强大的表达能力，让用户一眼就可获得很多的信息。从另一方面来说，图形数据库对实体之间的关系变现更加清晰，正好进一步印证了 NOSQL 应当理解为"不仅仅是 SQL"这一概念。

图形数据库的数据存储结构和数据查询方式都以图论为基础实现的，目前出现的图形数据库可以大致分为以下三类。

● 属性图（Property Graphs）。

属性图是当下最流行的图结构，其基础结构是节点以及边，节点结构常常存储实体的相关信息，常由圆圈表示；对应的边结构表征的是实体之间的关系，常由有向箭头表示。另外，节点结构中又包含节点标签和节点属性；边结构中又包含边标签和边属性。其中，节点标签和边标签分别对应节点分组和关系类型。最后属性图还存在路径的概念，表征的是由起始节点和终止节点之间的实体（节点和关系）构成的有序组合。

● 超图（Hypergraphs）。

超图中也含有节点和边两种结构，但不同于一般的边结构只能连接两个节点，超图中的边被称为超边，它可以连接无数个节点。所以超边从形式上来看反而像是一块区域，包含了它所连接的节点。另外，超图的节点和边存在标签但没有属性。

● 三元组（Triples）。

三元组是较为基础的图结构，"三元"指的是主谓宾，映射到数据结构中，"主宾"对应的是两个实体，"谓"对应两实体之间的关系。所以某种程度上三元组也可以认为是属性图和超图的基础模块，即实体—关系—实体。

5.3　车桩网协同运行数据建模

在项目在实际数据建模过程中，车辆出行的原始数据被存储在Excel 为代表的传统关系型数据库中，然后使用 Python 语言对原始数据进行数据预处理，提炼出其中可以用于建模的有效信息，最后利用 Neo4j 软件实现图数据库的建模。表 5-2 展示了车辆出行原始数据。

表 5-2　　　　　　　　　　　　车辆出行原始数据

车辆出行参数	含义	车辆出行参数	含义
vid	车辆编号	end_min_cell_volt	结束最小单体电压
veh_model_name	车辆类型	start_total_volt	开始总电压
rating_volume	标称容量	end_total_volt	结束总电压
rating_energy	标称电量	start_avg_cell_volt	开始平均单体电压
rating_volt	额定电压	end_avg_cell_volt	结束平均单体电压
rating_current	额定电流	max_avg_cell_volt	最大平均单体电压
drive_range	工况持续里程	min_avg_cell_volt	最小平均单体电压
power_type	动力类型	max_cell_diff_volt	最大单体电压极差
start_time	有效数据开始时间	start_avg_temp	开始平均温度
end_time	有效数据结束时间	end_avg_temp	结束平均温度
category	车辆状态	avg_temp	平均温度
start_mileage	开始里程	max_avg_temp	最大平均温度
end_mileage	结束里程	min_avg_temp	最小平均温度
start_soc	开始 soc	max_cell_diff_temp	最大温度极差
end_soc	结束 soc	max_cell_temp	最大探测温度
time_length	持续时长	min_cell_temp	最小探测温度
max_total_current	最大总电流	start_max_cell_temp	开始最大单体温度
min_total_current	最小总电流	start_min_cell_temp	开始最小单体温度
start_total_current	开始总电流	end_max_cell_temp	结束最大单体温度
end_total_current	结束总电流	end_min_cell_temp	结束最小单体温度
avg_total_current	平均总电流	max_power	最大功率
max_cell_volt	单体最大电压	min_power	最小功率
min_cell_volt	单体最小电压	avg_power	平均功率
avg_total_volt	平均电压	min_power	最小功率
start_max_cell_volt	开始最大单体电压	charge_c	充电倍率
start_min_cell_volt	开始最小单体电压	run_energy_ah	行驶总电量（kW·h）
end_max_cell_volt	结束单体最大电压	run_energy_soc	行驶总电量
charge_energy_ah	充电电容量（kW·h）	charge_energy_soc	充电电容量
run_volume_ah	行驶电容量（kW·h）	run_volume_soc	行驶电容量
charge_volume_ah	充电电容量（kW·h）	charge_volume_soc	充电电容量
start_longitude	开始经度	start_latitude	开始维度
start_district	开始城区	start_city	开始城市
start_province	开始省	end_longitude	结束经度

続表

车辆出行参数	含义	车辆出行参数	含义
end_latitude	结束维度	end_district	结束城区
end_city	结束城市	end_province	结束省
t_index	片段帧数	data_frequency	片段数据帧平均间隔
charge_infer_count	修正帧数	status_infer_count	车辆状态修正帧数
min_insulation_resistance	绝缘电阻最小值	cell_nu	单体电池总数
cell_pack_nu	电池包总数	motor_nu	驱动电机个数
action_date	数据时间	is_holiday	是否节假日
holiday_type	节假日类型	pdate	数据日期
pmonth	按月分区		

在原始数据中，有许多对建模没有帮助的参数，以及一些数据为空的实体。数据预处理需要先整理出有意义的参数，然后删去含有空数据的行，最后利用整理过后的数据提取电动汽车车型特征和用户出行特征。

提取车型特征，目的是整理出不同车型本身的参数差别，作为后续车辆引导工作的规划依据。其特征提取不需要太多数据转化，主要对原始数据中的参数进行筛选。表5-3所示为对提取车型特征有用的参数集合。

表5-3　　　　　　　　车 型 特 征

车辆特征	含义	车辆特征	含义
veh_model_name	车辆类型	rating_volume	标称容量
rating_energy	标称电量	rating_volt	额定电压
rating_current	额定电流	drive_range	工况持续里程
power_type	动力类型		

提取用户出行特征，目的是整理出不同用户的出行和充电习惯，以便后续对用户进行个性化的充电引导。这部分特征的提取不仅需要对原始数据进行筛选，还需要对筛选数据进行一系列的数据处理。表5-4所示为对提取用户出行特征有用的参数集合。

表 5-4		用户出行特征	
车辆特征	含义	车辆特征	含义
vid	车辆编号	veh_model_name	车辆类型
start_time	有效数据开始时间	end_time	有效数据结束时间
category	车辆状态	start_mileage	开始里程
end_mileage	结束里程	start_soc	开始 soc
end_soc	结束 soc	time_length	持续时长
charge_c	充电倍率	start_longitude	开始经度
start_latitude	开始维度	end_longitude	结束经度
end_latitude	结束维度		

筛选出上述参数后,还需进行如下数据特征提取和处理。

● 车辆状态添加

原始数据中车辆状态有行驶、停车、充电三种状态。为保证与实际情况一致,"充电"状态中,充电倍率高于 200 部分将被归类于"换电"状态。

● 记录数据数量

对不同用户的充电、换电、行驶的数据条数进行统计,若数据条数少于 8 条,则认为数据数量太少,有较大偏差,不对该用户的该项特征进行统计。

● 充电时间分析

此部分主要利用车辆状态为"充电"以及"换电"时的参数"start_time"来统计用户充电时间分布。以 2h 为间隔,将一天划分为 12 个区间,在将同一用户的"start_time"数据分列区间中,将数据量最多的区间作为用户习惯。

● 充电起始电量分析

此部分主要利用车辆状态为"充电"以及"换电"时的参数"start_soc"来统计用户充电时的起始电量。将同一用户的"start_soc"数据分列到 [0,25] [25,50] [50,75] [75,100] 4 个区间,将数据量最多的区间作为用户习惯。

● 充电结束电量分析

此部分主要利用车辆状态为"充电"以及"换电"时的参数"end_soc"来统计用户充电时的结束电量。将同一用户的"end_soc"数据分列到 [0，25] [25，50] [50，75] [75，100] 4 个区间，将数据量最多的区间作为用户习惯。

● 充电时长分析

此部分主要利用车辆状态为"充电"以及"换电"时的参数"time_length"来统计用户充电时长。将同一用户的"time_length"数据分列到 [0，1] [1，2] [2，5] [5，10]，10 以上，5 个区间，将数据量最多的区间作为用户习惯。

● 充电倍率分析

此部分主要利用车辆状态为"充电"以及"换电"时的参数"charge_c"来统计用户充电倍率。将同一用户的"charge_c"数据分列到 [0，0.2] [0.2，0.5] [0.5，1] [1，4]，4 以上，5 个区间，将数据量最多的区间作为用户习惯。

● 充电位置分析

此部分主要利用车辆状态为"充电"以及"换电"时的参数"start_longitude"和"start_latitude"来统计用户充电位置。将同一用户的"start_longitude"和"start_latitude"数据先集合成一个数据"经纬度"，再将"经纬度"数据用 MeanShift 方法聚合，将将聚类中心作为用户习惯。

● 行驶里程分析

此部分主要利用车辆状态为"行驶"时的参数"start_mileage"和"end_mileage"来统计用户行驶里程。先用同一用户的"end_mileage"数据减"start_mileage"数据得到数据"行驶里程"，再分列到 [0，100] [100，500] [500，1000] [1000，2000]，2000 以上，5 个区间，将数据量最多的区间作为用户习惯。

● 百公里电耗分析

此部分主要利用车辆状态为"行驶"时的参数"start_mileage""end_mileage""start_soc"和"end_soc"来统计用户百公里电耗。依照同一用户的数据用（start_soc-end_soc）/（end_mileage-start_mileage）计算出百公里电耗，取其中最大最小值构成区间，将该区间作为用户习惯。

表 5-5 所示为提取用户行为特征所包含的参数。

表 5-5　　　　　　　　　用户出行特征参数

用户行为特征参数	用户行为特征参数
车辆编号	充电数据量
换电数据量	充电时间点/h
充电起始电量/soc	充电终止电量/soc
充电维持时间/h	充电倍率
行驶数据量	行驶里程/公里
百公里电耗	

得到车型特征以及用户行为特征后，再利用 Neo4j 软件实现图形数据库的建模。图 5-5 展示了部分图形数据库。

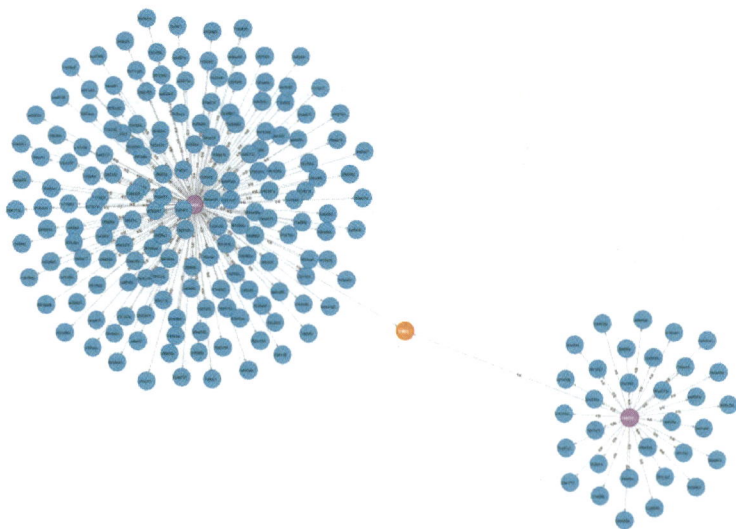

图 5-5　用户出行数据图形数据库建模（部分）

其中，橙色节点为总节点，即车辆节点，其属性信息如图 5-6（a）所示；紫色节点为车型节点，表征车型特征，其属性信息如图 5-6（b）所示；蓝色节点为用户节点，表征用户行为特征，其属性信息如图 5-6（c）所示。

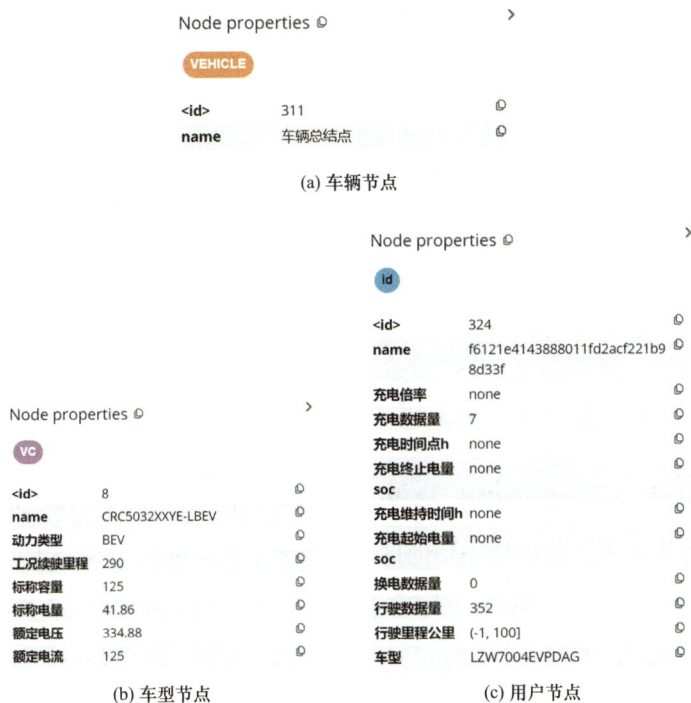

Node properties

VEHICLE

<id>	311
name	车辆总结点

(a) 车辆节点

Node properties

VC

<id>	8
name	CRC5032XXYE-LBEV
动力类型	BEV
工况续驶里程	290
标称容量	125
标称电量	41.86
额定电压	334.88
额定电流	125

(b) 车型节点

Node properties

id

<id>	324
name	f6121e4143888011fd2acf221b9 8d33f
充电倍率	none
充电数据量	7
充电时间点h	none
充电终止电量 soc	none
充电维持时间h	none
充电起始电量 soc	none
换电数据量	0
行驶数据量	352
行驶里程公里	(-1, 100]
车型	LZW7004EVPDAG

(c) 用户节点

图 5-6　图形数据库节点属性

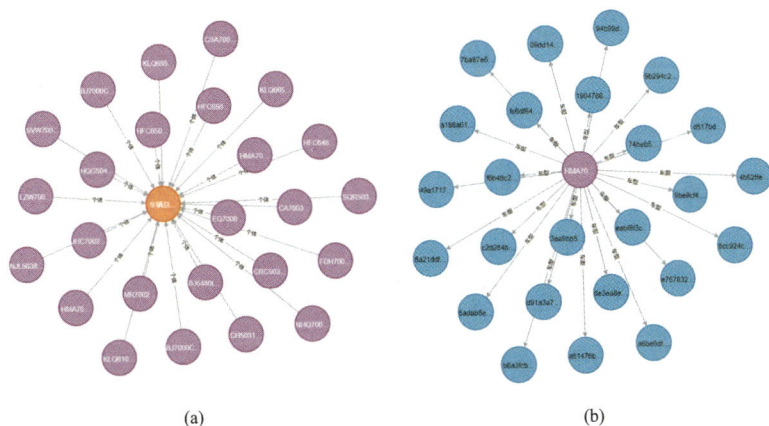

(a)

(b)

图 5-7　图形数据库关系属性

车辆节点与车型节点之间的"个体"关系，如图 5-7（a）所示，车型节点与用户节点之间的"车型"关系，如图 5-7（b）所示。

5.4　本章小结

本章主要从数据模型概念、数据建模技术、车桩网协同运行数据建模三方面介绍了车桩网数据建模技术。

首先，数据模型概念部分按照现实世界向信息世界的抽象过程以及信息世界向计算机世界的转化过程，对概念数据模型、逻辑数据模型以及物理数据模型的概念和重要要素进行了介绍；其次，数据建模技术部分主要对目前常见的传统关系型数据建模技术、NOSQL 数据建模技术以及图数据建模技术进行介绍，内容涵盖其应用场景、重点技术、商用产品以及部分操作语言。最后，车桩网协同运行数据建模部分以实际的电动汽车用户出行数据为基础，详细介绍了车型特征和用户出行特征的提取过程，并还原了相关的传统数据库以及图形数据库的建模过程，能够较完整的展示从原始数据到实际应用模型的实现流程。

第6章　车桩网协同的电网优化调控技术

在电网的多电压、复杂性、互联性日益发展的今天，受益于智能电网、主动配电网、广义储能等新兴概念及技术的提出，如今的电力系统已发展成为万物互联、交直流共存的电力系统，电动汽车、光伏、风电、储能等一系列设备接入到配电网中，成为配电网中重要的一环。电动汽车的充电行为不仅会影响电网的潮流分布，反过来电网的分时电价将影响电动汽车的充放电行为。因此，车—网间的交互行为将会日益频繁、密切。

随着大功率、高渗透率电动汽车充电负荷接入电网后，若不通过有效管理将会对电网带来极大的负担，更有甚者会出现一系列安全问题。例如，若大量用户结束一天的出行回到家立即进行充电，电动汽车充电负荷将会与原有晚间用电负荷高峰叠加，形成峰上加峰的现象，进而对电网安全运行和调峰造成很大的压力，若此时系统中有变压器或换流器处于临界运行状态，将会直接导致设备容量越限，轻则损坏设备，重则造成系统失衡，引发大范围停电。因此，如何在新型电力系统背景下通过车—网深度交互，以及含电动汽车的源、网、荷、储的协同，提升电网对分布式电源和电动汽车的消纳能力，实现电网的安全高效运行是重要的课题。通过挖掘电动汽车在空间和时间上的灵活调度能力，以及通过构建各电压层级间的储能、电动汽车、可控负荷之间的协同互动特性，从而提高电网的供能质量和运行指标，保证电网的安全运行具有重要意义，为智能电网的建设和发展奠定坚实的技术基础。

本章从新型配电系统、电动汽车协同调度方法、广义储能协同调度方法等方面介绍了车桩网协同的电网优化调控技术系列性研究，为提升配电网的灵活性与可靠性、提升电网对分布式电源和电动汽车的消纳能力、挖掘电动汽车在空间和时间上的灵活调度能力等方面提供有力借鉴。

6.1 新型配电系统

6.1.1 配电系统的发展趋势

随着大规模分布式可再生能源和电动汽车接入配电网，改变了传统配电网的负荷结构和特性。在配电网络中，为使配电网络能够更好地服务于各类用户，需要不同电压等级，交流和直流互联的系统。与纯交流配电网或纯直流配电网相比，交直流混合配电网具有投资成本低、网络损耗低、可控性好、电能质量高、供电方式更方便等新优势，因此，在交流配电网的基础上建设交直流混合配电网是未来新型配电网的发展趋势。

6.1.2 新型配电系统的拓扑结构

图 6-1 描述了多电压等级新型配电系统的结构。该系统由中压交流配电网、低压交流配电网和低压直流配电网三部分组成。低压交流配电网和低压直流配电网通过电力电子装置与中压交流配电网相连，中压交流配电网通过变压器连接到上级电网，并由上级电网为整个系统提供能源供应。不同类型和对应规模的负荷及设施合理地连接到相应

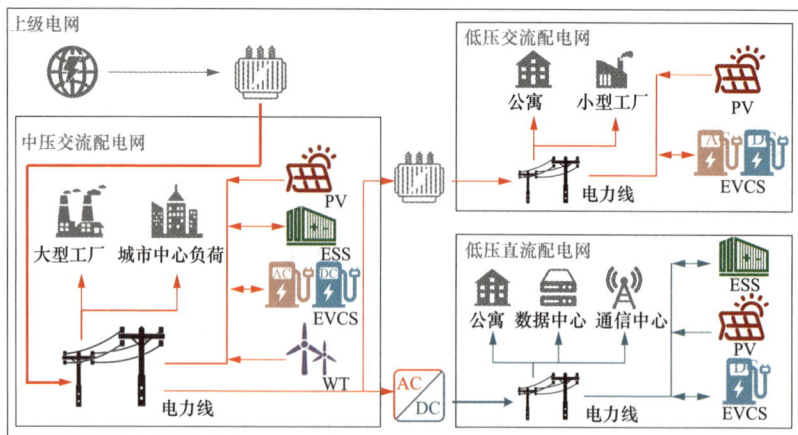

图 6-1　多电压等级新型配电系统框架

等级和形式的配电网中，有利于系统的高效运行。例如，大型工厂及城市中心负荷应从中压配电网接入，提高电压等级，以减少电能在厂间的传输损耗，又例如数据中心等典型直流负载应从低压直流配电网而不是交流配电网接入，可避免使用电力电子转换器带来的额外成本。

整个多电压级交直流配电网还包括一些可再生发电设备，如光伏（Photovoltaic，PV）和风力涡轮机（Wind turbine，WT），以及可用于系统调度的资源，如传统储能系统（Energy storage system，ESS）、可转移负荷（Transferable load，TL）和电动汽车充电站（Electric vehicle charging station，EVCS）。另外，由于电动汽车车主的充电需求不同，电动汽车充电站同时配备了慢速充电桩（交流充电桩）和快速充电桩（直流充电桩），快速充电桩能提供更大的充电功率，而慢速充电桩更安全，且可延长电池的使用寿命。然而在直流配电网中，经常只安装直流充电桩，这是因为车载电池为直流电，由电网的直流电变为交流充电桩的交流电再从交流电变为车载电池所需的直流电，并不经济实用。

6.1.3　新型配电系统的关键装置

1. 电流源型换流器

电流源型换流器由晶闸管构成，而晶闸管的单向导通性导致要改变电流输送方向则必须改变电压极性。图 6-2 为电流源型换流器的结构示意图。整流器与逆变器的参考方向相反，当不区分整流器与逆变器而统一按整流器的电压参考方向时，因此整流器与逆变器具有相同的方程形式。

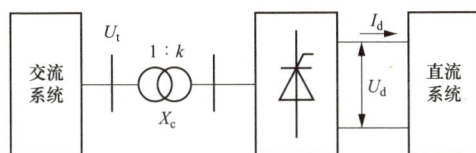

图 6-2　电流源型换流器的结构

$$U_{dc} = n_t(U_{dc0}\cos\theta_d - R_\gamma I_{dc}) = \frac{3\sqrt{2}}{\pi}n_t K U_t \cos\theta_d - \frac{3}{\pi}n_t X_c I_{dc} \quad (6\text{-}1)$$

式中：U_{dc} 为直流电压平均值；U_{dc0} 为直流电压平均值（触发延迟角 α 为零，且换相角 γ 也为零时）；I_{dc} 为直流线路电流；n_t 为桥数；θ_d 为换流器控制角（具体地，对于整流器而言即是触发延迟角 α，对于逆变器而言则是熄弧超前角 μ）；K 为换流变压器变比；X_c 为换流变压器等值电抗；U_t 为交流系统换流变压器一次侧线电压的基波分量；R_γ 为等值换相电阻。

需注意的是，R_γ 并不具有真实电阻的全部意义，它不吸收有功，其数值体现了直流电压平均值随直流电流增大而减小的斜率，且 R_γ 是一个网络参数，不随运行状态的改变而改变。

$$U_{dc} = n_t\left(k_\gamma \frac{3\sqrt{6}}{\pi}E\cos\phi\right) = \frac{3\sqrt{2}}{\pi}k_\gamma n_t K U_t \cos\phi \quad (6\text{-}2)$$

$$I_t = k_\gamma \frac{\sqrt{6}}{\pi}k_\gamma n_t I_{dc} \quad (6\text{-}3)$$

式中：$k_\gamma \cdot 3\sqrt{6}/\pi$ 为电压基波系数，$k_\gamma \approx 0.995$；$\cos\phi$ 为换流器功率因数；I_t 为交流系统换流变压器一次侧线电流的基波分量。

交直流配电系统的运行必须根据系统的运行要求对直流系统中各个换流器的控制方式加以指定。最常用的正常运行控制方式有调整整流器的触发角使其直流电流为定值，即定电流控制方式；调整逆变器的触发角，使其熄弧超前角为常数，即定熄弧角控制方式。在潮流计算中一般考虑以下几种控制方式。

（1）定电流控制，条件如下

$$I_{dc} = I_{dc,ref} \quad (6\text{-}4)$$

（2）定电压控制，条件如下

$$U_{dc} = U_{dc,ref} \quad (6\text{-}5)$$

（3）定功率控制，条件如下

$$U_{dc}I_{dc}=U_{dc,ref}I_{dc,ref} \qquad (6\text{-}6)$$

（4）定控制角控制，条件如下

$$\cos\theta_d=\cos\theta_{d,ref} \qquad (6\text{-}7)$$

（5）定变比控制，条件如下

$$K=K_{ref} \qquad (6\text{-}8)$$

式中，下标 ref 的量为指定常数。

2. 电压源型换流器

含 VSC 交直流配电网单线原理图见图 6-3，交流配电网和直流配电网之间的能量通路由 VSC 构成，VSC 由换流变压器、并联滤波器、换流电抗器、电力电子变换器和直流电容器组成。当忽略换流变压器的阻抗时，VSC 模型中不同变量/参数之间的数值关系如式（6-9）～式（6-14）所示。

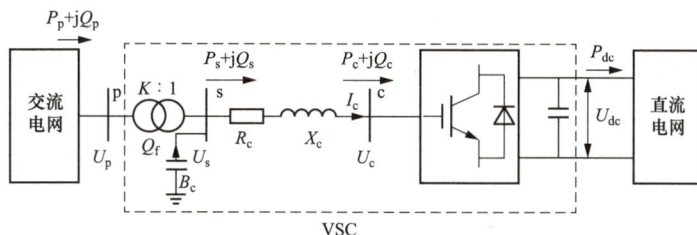

图 6-3　电压源型换流器的结构

（1）电压关系计算公式如下

$$U_c=\frac{\mu M}{\sqrt{2}}U_{dc} \qquad (6\text{-}9)$$

其中

$$\begin{cases} (U_c)^2=(U_s)^2-2(R_c\cdot P_s+X_c\cdot Q_s)+[(R_c)^2+(X_c)^2]\cdot\dfrac{(P_s)^2+(Q_s)^2}{(U_s)^2} \\ U_s=U_p/K \end{cases}$$

$$(6\text{-}10)$$

式中：U_c 和 U_{dc} 分别为电力电子变换器的交流侧电压和直流侧电压；

μ 是直流电压的利用率，在正弦脉宽调制（Sinusoidal Pulse Width Modulation，SPWM）控制模式下等于 $\sqrt{3}/2$，在矢量调制模式下等于 1；M 是 0～1 范围内的调制系数；K 为换流变压器变比；U_s 为 VSC 中扩展节点 s 的电压幅值；B_c 为 VSC 中并联滤波器的电纳；Q_f 为并联滤波器的输出无功功率；U_p 为 VSC 的交流端电压幅值；P_p 为注入 VSC 的有功功率；Q_p 为注入 VSC 的无功功率；P_s 为 VSC 中扩展节点 s 到 c 的首端有功功率；Q_s 为 VSC 中扩展节点 s 到 c 的首端无功功率；P_c 为 VSC 中扩展节点 s 到 c 的末端有功功率；Q_c 为 VSC 中扩展节点 s 到 c 的末端无功功率，I_c 为 VSC 中从扩展节点 s 到 c 的电流幅值；R_c 为 VSC 中换流电抗器的电阻；X_c 为 VSC 中换流电抗器的电抗；P_{dc} 为经 VSC 后流向直流配电网的有功功率。

（2）潮流关系计算公式如下

$$P_p = P_s = P_{dc} + P_R + P_{Inside} \tag{6-11}$$

$$Q_p = Q_s - Q_f \tag{6-12}$$

其中

$$\begin{cases} P_R = (I_c)^2 \cdot R_c \\ P_{Inside} = a + bI_c + c(I_c)^2 \\ Q_f = (U_s)^2 B_c \\ (I_c)^2 = \dfrac{(P_s)^2 + (Q_s)^2}{(U_s)^2} \end{cases} \tag{6-13}$$

式中：P_R 是电阻 R_c 的损耗；P_{Inside} 表示电力电子变换器的内部损耗；Q_f 表示并联滤波器的无功功率输出；a、b 和 c 为电力电子变换器内部损耗参数。

（3）控制模式计算公式如下

$$\begin{cases} U_{dc} = U_{dcref} \quad \text{or} \quad P_{dc} = P_{dcref} \\ U_s = U_{sref} \quad \text{or} \quad Q_s = Q_{sref} \end{cases} \tag{6-14}$$

式（6-14）是 VSC 主要控制模式的数学表达式，其中，U_{dcref}、

P_dcref、U_sref 和 Q_sref 均为控制参数。VSC 采用 $d\text{-}q$ 轴解耦方法实现了有功和无功的独立控制。d 轴主要影响直流侧的潮流，如直流电压 U_dc 和直流有功功率 P_dc，而 q 轴主要影响交流侧的潮流，如交流电压 U_s 和交流无功功率 Q_s。VSC 的控制方程应从式（6-14）中每一行选取一个，组成 VSC 的工作模式表达式。但同时需要注意的是，为了保证直流配电网的功率平衡，与每个直流配电网相连的至少一个 VSC 需要处于直流侧恒压控制模式。这种 VSC 被称为直流松弛换流器。

6.2 电动汽车协同调度方法

6.2.1 电动汽车时空特性

1. 电动汽车时间调度特征

充电技术的提高，使得电动汽车充电时间大幅缩短，在较长的泊车时间内，可以充分利用车载电池的双向功率特性来调节大量电动汽车接入电网所带来的不利影响。总的来说，可以将电动汽车的充电模式分为 4 类，如图 6-4 所示，分别为无序充电、延后充电、时间调度、V2G 调度。

无序充电是当车辆接入到充电桩后，立即开始充电，整个充电过程会维持到车辆电池充满或者充电桩从车辆中拔出为止。延后充电可以一定程度调节电动汽车充电的开始时间。时间调度是将电动汽车的充电行为分为多个时段进行，无需连续充电，但同样需要满足电动汽车的电量需求。V2G 调度是根据系统负荷特性，合理安排电动汽车的充放电，该充电模式最大化开发了电池的潜能，能够很好地调节电网功率分布，提高系统运行的经济性和安全性，但控制难度进一步提高，对电池损耗较大。

2. 电动汽车空间调度特征

"目的地充电"模式是指电动汽车车主到达目的地后，在目的地

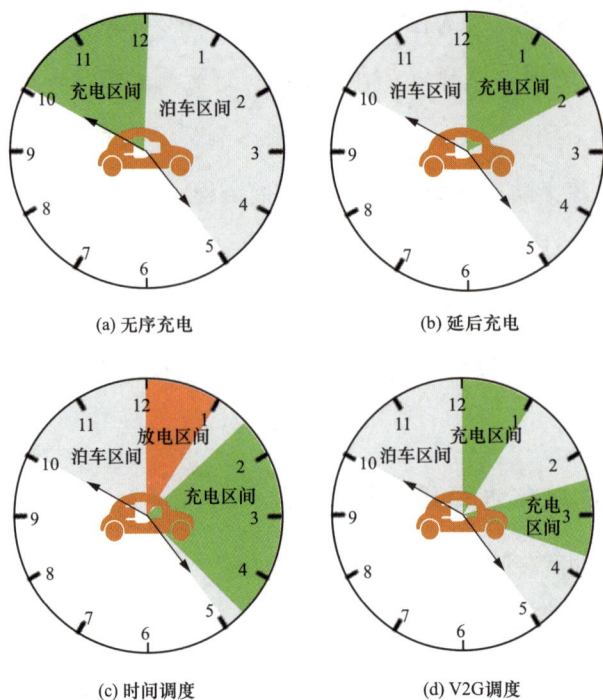

图 6-4　电动汽车时间调度特征

　　附近的电动汽车充电站为自己的车辆进行充电。在目的地附近区域中存在多个电动汽车充电站时，合理规划充电地点是十分必要的。图 6-5 所示为电动汽车空间调度特征的示意图，从图中可以看到，在目的地最大可调度半径内存在两个电动汽车充电站，最大可调度半径是根据车主最大可容忍的调度范围得到的，当车辆前往该范围外的地点进行充电时，这会增加额外行驶里程，会提高用户对于调度指令的反感，从而无法达到相应预期，但在最大可调度范围内，可以使用户前往离变电站更近的电动汽车充电站进行充电，既不会引起用户的不满，也有助于控制系统的网络损耗。

3. 电动汽车时空调度过程的信息流

　　电动汽车在时空调度过程中需要车辆、控制中心、本地控制器之间进行信息交互才能实现最优的充电过程。图 6-6 所示为电动汽车时空调度过程中的信息流。

图 6-5　电动汽车空间调度特征

①、②—候选充电站

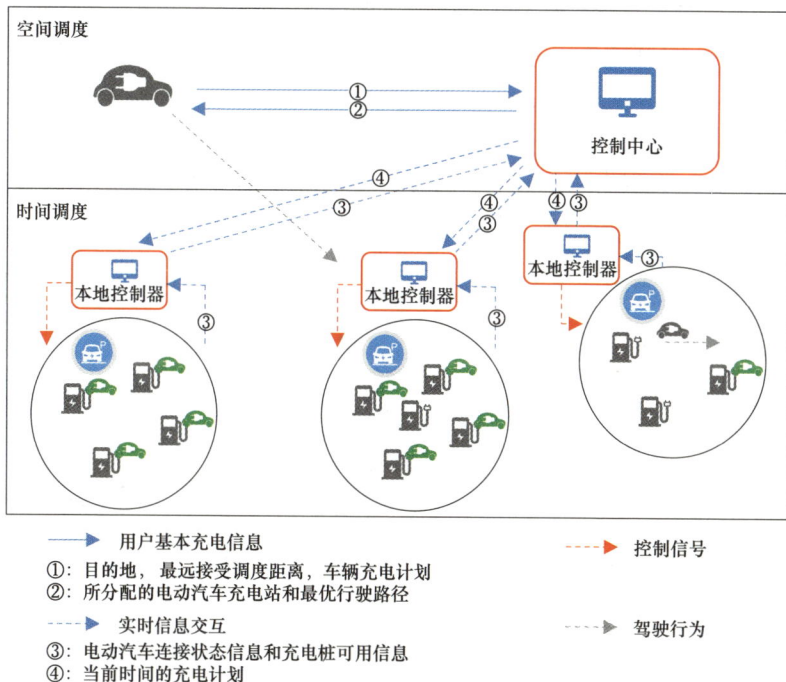

用户基本充电信息　　　　　　　　　　　　　　控制信号
①：目的地，最远接受调度距离，车辆充电计划
②：所分配的电动汽车充电站和最优行驶路径
实时信息交互　　　　　　　　　　　　　　　　驾驶行为
③：电动汽车连接状态信息和充电桩可用信息
④：当前时间的充电计划

图 6-6　电动汽车时空调度过程的信息流

首先，电动汽车将目的地、最远可接受调度距离、车辆充电计划等信息发送给控制中心，而控制中心在接收到相应信息后，针对该车辆的信息，并结合正在充电的电动汽车车辆信息、充电站信息、电力系统运行状态等信息，给出该车辆最佳充电地点，这一步就完成了电动汽车空间调度。对于电动汽车的时间调度过程，则是在每个充电站中有一个本地控制器，本地控制器负责所管辖的电动汽车充电站中所有充电桩，在搜集了实时的电动汽车状态后，将这些状态发送给控制中心，控制中心搜集了下属的本地控制器的相应信息后，计算出最优的充电计划，并分配给下属的本地控制器，本地控制器在接收到相应计划后，按照计划对电动汽车充放电行为进行管理。

6.2.2 优化模型

本节将建立面向新型配电系统的电动汽车时空调度模型，模型的建立过程包含了目标函数、约束条件、模型简化，具体内容如下。

1. 目标函数

$$\min Cost_s = Cost_P + Cost_D \tag{6-15}$$

$$Cost_P = c_P \cdot \sum_{t=1}^{96} \left[\left(\sum_{ij \in \Omega_{ac}^L} P_{ac,ij,t}^{loss} + \sum_{m=1}^{N_{DC,VSC}} \sum_{ij \in \Omega_{dc,m}^L} P_{dc,ij,t}^{loss,m} + \sum_{m=1}^{N_{DC,VSC}} P_{vsc,m,t}^{loss} \right) \cdot \Delta t \right] \tag{6-16}$$

$$Cost_D = c_D \cdot \sum_{n \in \Omega_{EV}} (L_n - L_{min,n}) \tag{6-17}$$

其中

$$P_{ac,ij,t}^{loss} = \frac{r_{ac,ij} \cdot \left[(PL_{ac,ij,t})^2 + (QL_{ac,ij,t})^2 \right]}{(U_{ac,i,t})^2} \tag{6-18}$$

$$P_{dc,ij,t}^{loss,m} = \frac{r_{dc,ij}^m \cdot (PL_{dc,ij,t}^m)^2}{(U_{dc,i,t}^m)^2} \tag{6-19}$$

$$\begin{cases} P_{vsc,m,t}^{loss} = (I_{c,m,t})^2 \cdot R_c^m + a_m + b_m \cdot I_{c,m,t} + c_m \cdot (I_{c,m,t})^2 \\ (I_{c,m,t})^2 = \frac{(P_{s,m,t})^2 + (Q_{s,m,t})^2}{(U_{s,m,t})^2} \end{cases} \tag{6-20}$$

式中：$Cost_s$ 为综合成本；$Cost_P$ 为日网损成本；$Cost_D$ 为空间调度下电动汽车用户每日额外里程的补偿费用；c_P 为单位电价；c_D 为空间调度下电动汽车用户额外里程的单位补偿成本；Ω_{ac}^L 为交流配电网的支路集合；$\Omega_{dc,m}^L$ 为第 m 个直流配电网的支路集合；$N_{DC,VSC}$ 为目标区域的直流配电网/VSC 数量；$P_{ac,ij,t}^{loss}$ 为 t 时刻下交流系统中支路 ij 的有功损耗功率；$P_{dc,ij,t}^{loss,m}$ 为 t 时刻下第 m 个直流系统中支路 ij 的有功损耗功率；$P_{vsc,m,t}^{loss}$ 为 t 时刻下第 m 个 VSC 的有功损耗功率；Δt 为每个时间间隔的跨度；L_n 为第 n 辆电动汽车的目的地与指定电动汽车充电站之间的直线距离；$L_{min,n}$ 为第 n 辆电动汽车的目的地和所有电动汽车充电站之间的最短直线距离；Ω_{EV} 为有充电需求的电动汽车集合，$r_{ac,ij}$ 为交流配电网支路 ij 的电阻；$PL_{ac,ij,t}$ 为 t 时刻下交流系统中支路 ij 的首端有功功率；$QL_{ac,ij,t}$ 为 t 时刻下交流系统中支路 ij 的首端无功功率；$U_{ac,i,t}$ 为 t 时刻下交流系统节点 i 的电压幅值；$r_{dc,ij}^m$ 为第 m 个直流配电网中支路 ij 的电阻；$PL_{dc,ij,t}^m$ 为 t 时刻下第 m 个直流系统中支路 ij 的首端有功功率；$U_{dc,i,t}^m$ 为 t 时刻下第 m 个直流系统中节点 i 的电压幅值；$I_{c,m,t}$ 为 1 时刻下第 m 个 VSC 中从扩展节点 s 到 c 的电流幅值；$P_{s,m,t}$ 为 t 时刻下第 m 个 VSC 中从扩展节点 s 到 c 的首端有功功率；$Q_{s,m,t}$ 为 t 时刻下第 m 个 VSC 中从扩展节点 s 到 c 的首端无功功率；$U_{s,m,t}$ 为 t 时刻下第 m 个 VSC 中扩展节点 s 的电压幅值；R_c^m 为第 m 个 VSC 中换流电抗器的电阻；a_m、b_m 和 c_m 为第 m 个 VSC 中电力电子变换器的内部损耗参数。

2. 约束条件

面向新型配电系统的电动汽车时空调度模型的约束条件包含交流配电网运行约束、直流配电网运行约束、交直流混合配电网安全约束、电动汽车运行约束、充电桩数量约束、VSC 运行约束。

为了简化说明，对下标的范围或集合进行了整理，并列于表 6-1 中。在以下约束条件中，如果未指定，则以下提到的所有下标都符合其相应的范围和集合。

表 6-1

下标	范围/集合
n	Ω_{EV}
t	$\forall$
m	$[1, N_{\mathrm{DC,VSC}}]$
q	$\Omega_{\mathrm{ac,EVCS}} \bigcup \Omega_{\mathrm{dc,EVCS}}$
i, j, k	Ω_{ac}^{N} $(\Omega_{\mathrm{dc,m}}^{N})$ 对于交流（直流）配电网
ij, jk	Ω_{ac}^{L} $(\Omega_{\mathrm{dc,m}}^{L})$ 对于交流（直流）配电网

表 6-1 中：n 表示电动汽车索引；t 表示时间片段索引；m 表示直流配电网/VSC 索引；q 表示电动汽车充电站索引；i、j、k 表示节点索引；ij、jk 表示支路索引；$\Omega_{\mathrm{ac,EVCS}}$ 表示交流配电网中电动汽车充电站集合；$\Omega_{\mathrm{dc,EVCS}}$ 表示直流配电网中电动汽车充电站集合；Ω_{ac}^{N} 表示交流配电网的节点集合；$\Omega_{\mathrm{dc,m}}^{N}$ 表示第 m 个直流配电网的节点集合。

（1）交流配电网运行约束，计算公式为

$$PL_{\mathrm{ac,jk,t}} = PL_{\mathrm{ac,ij,t}} - \frac{r_{\mathrm{ac,ij}} \cdot [(PL_{\mathrm{ac,ij,t}})^2 + (QL_{\mathrm{ac,ij,t}})^2]}{(U_{\mathrm{ac,i,t}})^2} - P_{\mathrm{ac,j,t}}$$

(6-21)

$$QL_{\mathrm{ac,jk,t}} = QL_{\mathrm{ac,ij,t}} - \frac{x_{\mathrm{ac,ij}} \cdot [(PL_{\mathrm{ac,ij,t}})^2 + (QL_{\mathrm{ac,ij,t}})^2]}{(U_{\mathrm{ac,i,t}})^2} - Q_{\mathrm{ac,j,t}}$$

(6-22)

$$(U_{\mathrm{ac,j,t}})^2 = (U_{\mathrm{ac,i,t}})^2 - 2(r_{\mathrm{ac,ij}} \cdot PL_{\mathrm{ac,ij,t}} + x_{\mathrm{ac,ij}} \cdot QL_{\mathrm{ac,ij,t}})$$
$$+ [(r_{\mathrm{ac,ij}})^2 + (x_{\mathrm{ac,ij}})^2] \cdot \frac{(PL_{\mathrm{ac,ij,t}})^2 + (QL_{\mathrm{ac,ij,t}})^2}{(U_{\mathrm{ac,i,t}})^2} \quad \text{(6-23)}$$

式中：$x_{\mathrm{ac,ij}}$ 为交流配电网支路 ij 的电抗；$P_{\mathrm{ac,j,t}}$ 为 t 时刻下交流配电网节点 j 的有功功率需求；$Q_{\mathrm{ac,j,t}}$ 为 t 时刻下交流配电网节点 j 的无功功率需求。潮流参考方向定义为从变电站到配电网末端的方向。

（2）直流配电网运行约束计算公式为

$$PL_{\text{dc,jk,t}}^{m} = PL_{\text{dc,ij,t}}^{m} - \frac{r_{\text{dc,ij}}^{m} \cdot (PL_{\text{dc,ij,t}}^{m})^2}{(U_{\text{dc,i,t}}^{m})^2} - P_{\text{dc,j,t}}^{m} \tag{6-24}$$

$$U_{\text{dc,j,t}}^{m} = U_{\text{dc,i,t}}^{m} - \frac{r_{\text{dc,ij}}^{m} \cdot PL_{\text{dc,ij,t}}^{m}}{U_{\text{dc,i,t}}^{m}} \tag{6-25}$$

式中：$P_{\text{dc,j,t}}^{m}$ 为 t 时刻下第 m 个直流配电网中节点 j 的有功功率需求。

（3）交直流混合配电网安全约束计算公式为

$$U_{\min}^{ac} \leqslant U_{\text{ac,i,t}} \leqslant U_{\max}^{ac} \tag{6-26}$$

$$(PL_{\text{ac,ij,t}})^2 + (QL_{\text{ac,ij,t}})^2 \leqslant (S_{\max}^{ac})^2 \tag{6-27}$$

$$U_{\min,m}^{dc} \leqslant U_{\text{dc,i,t}}^{m} \leqslant U_{\max,m}^{dc} \tag{6-28}$$

$$|PL_{\text{dc,ij,t}}^{m}| \leqslant P_{\max,m}^{dc} \tag{6-29}$$

式中：$U_{\max}^{ac}$ 为交流配电网电压幅值的上限；$U_{\min}^{ac}$ 为交流配电网电压幅值的下限；$U_{\max,m}^{dc}$ 为第 m 个直流配电网中电压幅值的上限；$U_{\min,m}^{dc}$ 为第 m 个直流配电网中电压幅值的下限；$S_{\max}^{ac}$ 为交流配电网支路最大输电能力；$P_{\max,m}^{dc}$ 为第 m 个直流配电网中支路的最大有功传输功率。

（4）电动汽车运行约束

$$SOC_{\text{lea,n}} = \min[SOC_{\text{arr,n}} + (u_{\text{ac,n}}\mu_{\text{ac}}^{cha}P_{\text{ac}}^{cha} + u_{\text{dc,n}}\mu_{\text{dc}}^{cha}P_{\text{dc}}^{cha})T_{\text{dur,n}}/Cap, SOC_{\max}] \tag{6-30}$$

$$SOC_{\text{n,t}} = \begin{cases} SOC_{\text{arr,n}}, t = T_{\text{arr,n}} \\ SOC_{\text{n,t-1}} + \Big[\sum_{q \in \Omega_{\text{ac,EVCS}}} (u_{\text{q,n,t-1}}^{cha}P_{\text{ac}}^{cha}\mu_{\text{ac}}^{cha} - u_{\text{q,n,t-1}}^{dis}P_{\text{ac}}^{dis}/\mu_{\text{ac}}^{dis}) \\ \quad + \sum_{q \in \Omega_{\text{dc,EVCS}}} (u_{\text{q,n,t-1}}^{cha}P_{\text{dc}}^{cha}\mu_{\text{dc}}^{cha} - u_{\text{q,n,t-1}}^{dis}P_{\text{dc}}^{dis}/\mu_{\text{dc}}^{dis}) \Big] \\ \quad /Cap, T_{\text{arr,n}} < t \leqslant T_{\text{lea,n}} \end{cases} \tag{6-31}$$

$$SOC_{\min} \leqslant SOC_{\text{n,t}} \leqslant SOC_{\max}, T_{\text{arr,n}} \leqslant t \leqslant T_{\text{lea,n}} \tag{6-32}$$

$$SOC_{\text{n,T}_{\text{lea,n}}} \geqslant SOC_{\text{lea,n}} \tag{6-33}$$

$$u_{ac,n}+u_{dc,n}=1 \qquad (6\text{-}34)$$

$$\sum_{q\in(\Omega_{ac,EVCS}\cup\Omega_{dc,EVCS})} u_{q,n}=1 \qquad (6\text{-}35)$$

$$\begin{cases} u_{q,n,t}^{cha}+u_{q,n,t}^{dis}\leqslant u_{q,n},T_{arr,n}\leqslant t<T_{lea,n} \\ u_{q,n,t}^{cha}+u_{q,n,t}^{dis}=0,t<T_{arr,n},t\geqslant T_{lea,n} \end{cases} \qquad (6\text{-}36)$$

$$u_{ac,n},u_{dc,n},u_{q,n},u_{q,n,t}^{cha},u_{q,n,t}^{dis}\in\{0,1\} \qquad (6\text{-}37)$$

$$L_n\leqslant L_{max} \qquad (6\text{-}38)$$

式中：$SOC_{n,t}$ 为 t 时刻下第 n 辆电动汽车的荷电状态；$SOC_{arr,n}$ 为第 n 辆电动汽车到达指定电动汽车充电站时的荷电状态；$SOC_{lea,n}$ 为第 n 辆电动汽车离开电动汽车充电站时的预期荷电状态；μ_{ac}^{cha} 为交流配电网中充电桩的充电效率；μ_{ac}^{dis} 为交流配电网中充电桩的放电效率；μ_{dc}^{cha} 为直流配电网中充电桩的充电效率；μ_{dc}^{dis} 为直流配电网中充电桩的放电效率；SOC_{max} 为电动汽车荷电状态水平的上限；SOC_{min} 为电动汽车荷电状态水平的下限；$T_{arr,n}$ 为第 n 辆电动汽车到达指定电动汽车充电站的时间；$T_{dur,n}$ 为第 n 辆电动汽车在充电站的停留时间；$T_{lea,n}$ 为第 n 辆电动汽车的离开充电站的时间；$u_{ac,n}$ 为 $L_{min,n}$ 对应的电动汽车充电站是否位于交流配电网中；$u_{dc,n}$ 为 $L_{min,n}$ 对应的电动汽车充电站是否位于直流配电网中；$u_{q,n,t}^{cha}$ 为 t 时刻下第 q 个电动汽车充电站中第 n 辆电动汽车的充电标志；$u_{q,n,t}^{dis}$ 为 t 时刻下第 q 个电动汽车充电站中第 n 辆电动汽车的放电标志；Cap 为电动汽车电池容量。

（5）充电桩数量约束计算公式为

$$N_{EVs,q,t}\leqslant N_{cp,q} \qquad (6\text{-}39)$$

式中：$N_{cp,q}$ 为第 q 个电动汽车充电站中的充电桩数量；$N_{EVs,q,t}$ 为 t 时刻下连接在第 q 个电动汽车充电站中的电动车辆数量。

（6）VSC 运行约束计算公式为

$$U_{dc,1,t}^m=U_{dcref}^m \qquad (6\text{-}40)$$

$$Q_{s,m,t} = Q_{acref}^m \tag{6-41}$$

$$P_{p,m,t} = P_{s,m,t} = P_{m,t} + P_{vsc,m,t}^{loss} \tag{6-42}$$

$$Q_{p,m,t} = Q_{s,m,t} - (U_{s,m,t})^2 B_c^m \tag{6-43}$$

$$U_{c,m,t} \leqslant \frac{1}{\sqrt{2}} U_{dc,1,t}^m \tag{6-44}$$

$$|P_{m,t}| \leqslant P_{max,m}^{vsc} \tag{6-45}$$

在式（6-44）中

$$\begin{cases} (U_{c,m,t})^2 = (U_{s,m,t})^2 - 2(R_c^m \cdot P_{s,m,t} + X_c^m \cdot Q_{s,m,t}) \\ \qquad + [(R_c^m)^2 + (X_c^m)^2] \cdot \dfrac{(P_{s,m,t})^2 + (Q_{s,m,t})^2}{(U_{s,m,t})^2} \\ U_{s,m,t} = U_{p,m,t}/K_m \end{cases} \tag{6-46}$$

式中：U_{dcref}^m 和 Q_{acref}^m 对应于第 m 个 VSC 的电压和无功功率的设定参数；$P_{p,m,t}$ 为 t 时刻下注入第 m 个 VSC 的有功功率；$Q_{p,m,t}$ 为 t 时刻下注入第 m 个 VSC 的无功功率；$P_{m,t}$ 为 t 时刻下第 m 个 VSC 的出口功率；B_c^m 为第 m 个 VSC 并联滤波器的电纳；$U_{c,m,t}$ 为 t 时刻下第 m 个 VSC 中扩展节点 c 的电压幅值；$P_{max,m}^{vsc}$ 为第 m 个 VSC 的出口功率上限；VSC 采用矢量调制技术，即 $\mu = 1$；X_c^m 为第 m 个 VSC 中换流电抗器中的电抗；K_m 为第 m 个 VSC 中换流变压器的变比。

通过以上分析，面向新型配电系统的电动汽车时空调度模型可以写成如下形式

$$\begin{aligned} & \min(6\text{-}15) \\ & s.t.(6\text{-}21)\text{-}(6\text{-}45) \end{aligned} \tag{6-47}$$

3. 模型简化

（1）目标函数中损失功率的简化。由于交直流混合配电网的电压幅值接近 1p.u.，因此可以用额定电压代替。式中，符号 U_N^{ac} 表示交流电网的额定电压，$U_{N,m}^{dc}$ 对应于第 m 个直流系统的额定电压。

式（6-20）中 $I_{\mathrm{c,m,t}}$ 的计算可简化为式（6-50）。

$$P_{\mathrm{ac,ij,t}}^{loss} = \frac{r_{\mathrm{ac,ij}} \cdot \left[(PL_{\mathrm{ac,ij,t}})^2 + (QL_{\mathrm{ac,ij,t}})^2\right]}{(U_{\mathrm{N}}^{ac})^2} \tag{6-48}$$

$$P_{\mathrm{dc,ij,t}}^{loss,m} = \frac{r_{\mathrm{dc,ij}}^{m} \cdot (PL_{\mathrm{dc,ij,t}}^{m})^2}{(U_{\mathrm{N,m}}^{dc})^2} \tag{6-49}$$

$$(I_{\mathrm{c,m,t}})^2 = \frac{(P_{\mathrm{s,m,t}})^2 + (Q_{\mathrm{s,m,t}})^2}{(U_{\mathrm{N}}^{ac}/K_{\mathrm{m}})^2} \tag{6-50}$$

（2）交流配电网中潮流约束的线性化。在忽略网络损耗的情况下式（6-51）、式（6-52）可用来表示式（6-21）、式（6-22），在忽略电压降横向分量，并将每个节点电压视为额定电压，交流配电网的电压降约束可通过式（6-23）得到线性化公式，即

$$PL_{\mathrm{ac,jk,t}} = PL_{\mathrm{ac,ij,t}} - P_{\mathrm{ac,j,t}} \tag{6-51}$$

$$QL_{\mathrm{ac,jk,t}} = QL_{\mathrm{ac,ij,t}} - Q_{\mathrm{ac,j,t}} \tag{6-52}$$

$$U_{\mathrm{ac,j,t}} = U_{\mathrm{ac,i,t}} - \frac{r_{\mathrm{ac,ij}} \cdot PL_{\mathrm{ac,ij,t}} + x_{\mathrm{ac,ij}} \cdot QL_{\mathrm{ac,ij,t}}}{U_{\mathrm{N}}^{ac}} \tag{6-53}$$

（3）直流配电网中潮流约束的线性化。同样，关于直流配电网的潮流约束，将式（6-24）、式（6-25）线性化为式（6-54）、式（6-55）。

$$PL_{\mathrm{dc,jk,t}}^{m} = PL_{\mathrm{dc,ij,t}}^{m} - P_{\mathrm{dc,j,t}}^{m} \tag{6-54}$$

$$U_{\mathrm{dc,j,t}}^{m} = U_{\mathrm{dc,i,t}}^{m} - \frac{r_{\mathrm{dc,ij}}^{m} \cdot PL_{\mathrm{dc,ij,t}}^{m}}{U_{\mathrm{N,m}}^{dc}} \tag{6-55}$$

（4）交流配电网传输容量约束的线性化。交流系统的传输容量限制是以平方和的形式表现的，在数学上呈现为一个圆的内部，这可以用一个内接正多边形代替。表 6-2 总结了基于占用面积的不同正多边形近似下的模型精度。结果表明，内接正十二边形的模型精度可达 95.49%，随着边数的增加，模型精度提高不到 1%。本文中交流配电网的传输容量约束用内接正十二边形近似表示。式（6-56）是松弛后的传输约束，具体模型已在本书 3.2.2 中进行介绍。

$$\alpha_\omega \cdot PL_{ac,ij,t} + \beta_\omega \cdot QL_{ac,ij,t} + \gamma_\omega \leqslant 0, \quad \forall \omega \in \{1,2,\cdots,12\} \quad (6\text{-}56)$$

表 6-2　　　　　　　　　　**线性多边形近似模型的精度**

边数	精度	边数	精度
4	63.66%	11	94.65%
5	75.68%	12	95.49%
6	82.70%	13	96.15%
7	87.10%	14	96.68%
8	90.03%	15	97.10%
9	92.07%	16	97.45%
10	93.55%	17	97.74%

（5）换流器和配电网之间功率关系以及电压关系的线性化计算公式如下

$$P_{p,m,t} = P_{s,m,t} = P_{m,t} \quad (6\text{-}57)$$

$$Q_{p,m,t} = Q_{s,m,t} - (U_N^{ac}/K_m)^2 \cdot B_c^m \quad (6\text{-}58)$$

$$\begin{cases} U_{c,m,t} = U_{s,m,t} - \dfrac{R_c^m \cdot P_{s,m,t} + X_c^m \cdot Q_{s,m,t}}{U_{s,m,t}} \\[2mm] U_{s,m,t} = U_N^{ac}/K_m \end{cases} \quad (6\text{-}59)$$

在简化之后，式（6-47）转化为了一个 MIQP 问题。

6.2.3　实证分析

1. 算例概览与参数设定

本节将基于中国江苏省的一个实际城区对上述模型进行仿真验证，电气—地理拓扑图如图 6-7 所示，图中的紫色虚线代表交流支路，其中的电动汽车充电站用紫色实心圆表示。直流支路用浅蓝色虚线表示，而浅蓝色实心圆被视为位于直流配电网中的电动汽车充电站。区域内地块的属性由周围的兴趣点（Point of interest，POI）决定。

为便于计算，假设配电系统的节点、电动汽车充电站和电动汽车的行驶目的地位于相应地块的几何中心点上，忽略了地块内的差异。

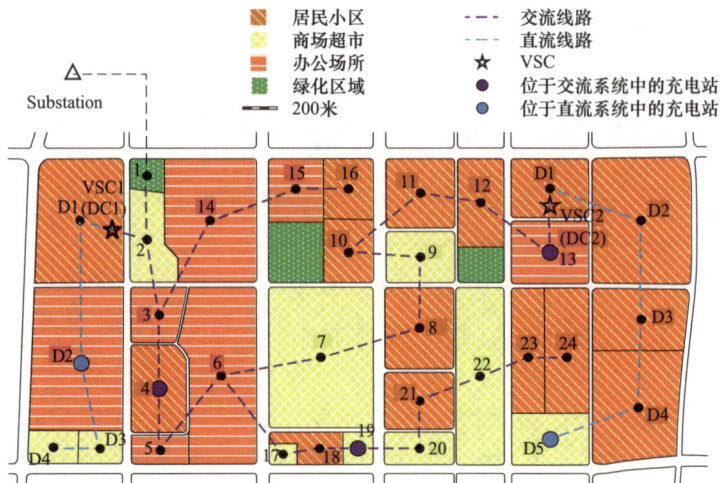

图 6-7 耦合实际城区的交直流配电系统

同时，将不同地块的几何中心点之间的线性距离近似于驾驶目的地和电动汽车充电站之间的距离。

基于面向新型配电系统的电动汽车时空调度模型，给出了两个典型日（工作日和周末）的最优调度结果。此外，通过对比案例验证了该模型的优越性。对比案例是采用 Voronoi 图划分各电动汽车充电站的服务区域，并选择无序充电模式为电动汽车进行充电。图 6-8 中的

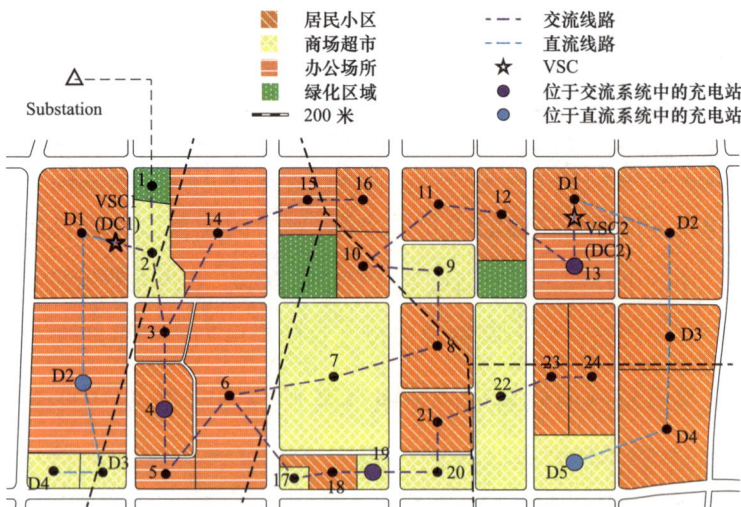

图 6-8 基于 Voronoi 图的比较算例

黑色虚线将整个区域划分为五个部分。以每个部分为目的地的电动汽车将会前往该部分中的电动汽车充电站进行充电，此时的距离最近。

仿真算例中所使用的相关参数如下。

（1）示例中有两个直流配电网。通过VSC1连接到交流系统的是直流配电网1，而直流配电网2连接在VSC2下。表6-3和表6-4给出了两个直流配电网的相关数据。

表6-3　　　　　　　　　　直流配电网支路参数

直流配电网编号	首节点	末节点	电阻（Ω）
1	1	2	0.493
1	2	3	0.366
1	3	4	0.381
2	1	2	0.819
2	2	3	0.187
2	3	4	0.711
2	4	5	1.044

表6-4　　　　　　　　　　直流配电网负荷参数

直流配电网编号	节点	负荷（kW）
1	1	100
1	2	90
1	3	60
1	4	60
2	1	100
2	2	80
2	3	40
2	4	50
2	5	80

（2）在交直流混合配电网中，两个直流配电网的额定电压为10kV，电压基准值设定为10kV。交流配电网额定电压为12.66kV，电压基准值与交流配电网额定电压一致。整个系统的功率基准值定为10MVA。

（3）交直流混合配电网中共有 5 个电动汽车充电站。与交流配电网相连的充电站位于节点 4、13、19，单桩额定充放电功率为 7kW。直流配电网 1 中节点 2 处设有一座充电站，充电和放电功率为 30kW。与直流配电网 2 相连的充电站位于节点 5，充电和放电功率同样也为 30kW。按上述顺序为电动汽车充电站从 1～5 进行编号。

（4）假设该区域的电动汽车数量为 500 辆。各节点的峰值负荷在一定程度上可以反映节点附近区域的人口数量。因此，可以假设电动汽车的目的地分布与节点的峰值负荷成正比。电动汽车的目的地分布如图 6-9 所示。根据上述分布，并考虑适当的容量增加，可得出每个充电站的充电桩数量，见表 6-5。

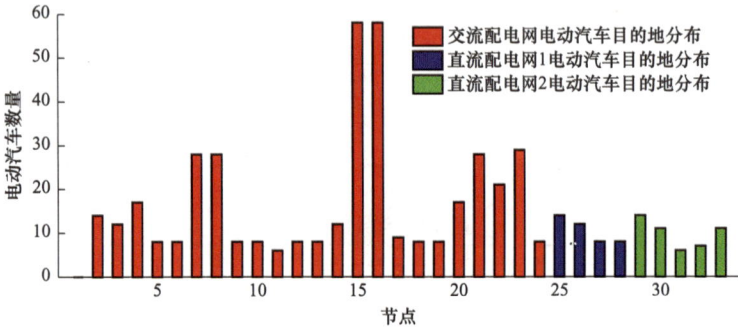

图 6-9 电动汽车的目的地分布

表 6-5　　　　　　　每个电动汽车充电站的充电桩数量

充电站	电动汽车充电站 1	电动汽车充电站 2	电动汽车充电站 3	电动汽车充电站 4	电动汽车充电站 5
充电桩数量（个）	77	78	70	29	34

（5）整个区域内具有充电需求的电动汽车的到达时间和停留持续时间分布如图 6-10 所示。

（6）VSC 的阻抗参数如表 6-6 所示。在该系统中，VSC1 和 VSC2 均采用直流侧恒压和交流侧恒无功的运行方式。VSC 控制的直流侧电压与直流配电网的额定电压一致，交流侧的无功功率设定为无电动汽车状态下时 VSC 最小出口功率的 0.95 功率因数，即 $\cos\phi_1 =$

$\cos\phi_2=0.95$，其中 $\cos\phi_1$ 和 $\cos\phi_2$ 为恒无功模式下 VSC1 和 VSC2 的交流端功率因数控制参数，VSC1 和 VSC2 对应的无功功率分别为 57kvar 和 64kvar。

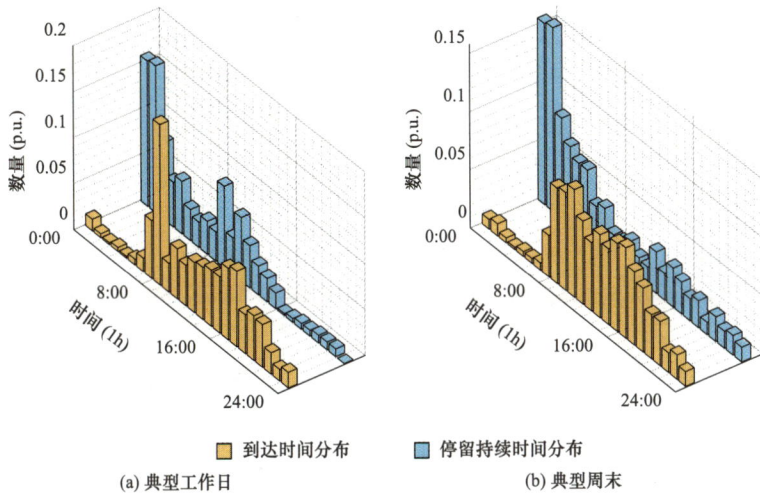

(a) 典型工作日   (b) 典型周末

图 6-10　电动汽车出行特性分布

表 6-6　　　　　　　　　　相 关 参 数 设 置

参数	值	参数	值
Cap	100（kWh）	$\mu_{ac}^{cha/dis}$	0.9/0.9
SOC_{min}	0.1	$\mu_{dc}^{cha/dis}$	0.9/0.9
SOC_{max}	0.9	$P_{1/2}^{dcmax}$	0.6/0.6MW
$[U_{min}^{ac}, U_{max}^{ac}]$	[0.9, 1.1]（p.u.）	$P_{max,1/2}^{vsc}$	0.6/0.6MW
$[U_{min,1}^{dc}, U_{max,1}^{dc}]$	[0.95, 1.05]（p.u.）	c_P	0.07（\$/kWh）
$[U_{min,2}^{dc}, U_{max,2}^{dc}]$	[0.95, 1.05]（p.u.）	c_D	0.1（\$/km）
$R_c^{1/2}$	0.0001/0.0001（p.u.）	L_{max}	1（km）
$X_c^{1/2}$	0.1643/0.1643（p.u.）	$S_{N,1/2}^{vsc}$	0.6/0.6MVA
$B_c^{1/2}$	0.0887/0.0887（p.u.）	S_{max}^{ac}	6MVA
$K_{1,2}$	2/2	—	—

（7）电动汽车的性能参数、充电桩的充放电效率、配电网的安全限制、最大调度距离可从表 6-6 中获取。

（8）算例中交流输电容量的线性化参数见表 6-7。

表 6-7 交流输电容量的线性化参数

ω	α_ω	β_ω	γ_ω
1	0.0804	0.3000	−0.1800
2	0.2196	0.2196	−0.1800
3	0.3000	0.0804	−0.1800
4	0.3000	−0.0804	−0.1800
5	0.2196	−0.2196	−0.1800
6	0.0804	−0.3000	−0.1800
7	−0.0804	−0.3000	−0.1800
8	−0.2196	−0.2196	−0.1800
9	−0.3000	−0.0804	−0.1800
10	−0.3000	0.0804	−0.1800
11	−0.2196	0.2196	−0.1800
12	−0.0804	0.3000	−0.1800

2. 数值分析

（1）典型工作日结果分析。表 6-8 显示了夏季工作日 500 辆电动汽车的优化结果。可以看出，采用本文所提出的调度方法，在典型工作日下，综合成本降低了 6.26%，网损降低了 348kWh。尽管由于空间调度的因素，电动汽车到达目的地的总里程增加，但最终目标函数仍然减少。

表 6-8　　　　　　　典型工作日目标函数优化结果

场景	综合成本（美元）	系统网损（kWh）	行驶总距离（km）
无序充电	344.63	4923.30	225.17
时空优化调度	323.07	4575.00	253.33
变化	−6.26%	−7.07%	12.51%

（2）典型周末结果分析。表 6-9 显示了夏季周末 500 辆电动汽车的优化结果。可以看出，采用本文所提出的调度方法，在典型周末下，综合成本降低了 6.80%，网损降低了 374kWh，行驶总距离增加了 11.03%。

表 6-9　　　　　　　典型周末目标函数优化结果

场景	综合成本（美元）	系统网损（kWh）	行驶总距离（km）
无序充电	348.11	4973.10	223.45
时空优化调度	324.43	4599.50	248.10
变化	−6.80%	−7.51%	11.03%

6.3　广义储能协同调度方法

6.3.1　优化模型

1. 目标函数

多电压等级新型配电系统下广义储能的协同调度模型目标函数是整个系统的网络损耗，如式（6-60）所示。它主要由四部分组成：中压交流配电网损耗［见式（6-61）］、低压交流配电网损耗［见式（6-62）］、低压直流配电网损耗［见式（6-63）］和换流器损耗［见式（6-64）］。为了简化模型，本节将换流器损耗等效为一个电阻表示，即

$$\min \sum_{t \in T} \left[\left(\sum_{ij \in L_{\text{MVAC}}} P_{\text{loss,ij,t}}^{MVAC} + \sum_{ij \in L_{\text{LVAC}}} P_{\text{loss,ij,t}}^{LVAC} + \sum_{ij \in L_{\text{LVDC}}} P_{\text{loss,ij,t}}^{LVDC} + P_{\text{loss,t}}^{VSC} \right) \cdot \Delta t \right]$$

(6-60)

其中

$$P_{\text{loss,ij,t}}^{MVAC} = \frac{r_{ij}^{MVAC} \cdot \left[(PL_{ij,t}^{MVAC})^2 + (QL_{ij,t}^{MVAC})^2 \right]}{(U_{i,t}^{MVAC})^2}$$

(6-61)

$$P_{\text{loss,ij,t}}^{LVAC} = \frac{r_{ij}^{LVAC} \cdot \left[(PL_{ij,t}^{LVAC})^2 + (QL_{ij,t}^{LVAC})^2 \right]}{(U_{i,t}^{LVAC})^2}$$

(6-62)

$$P_{\text{loss,ij,t}}^{LVDC} = \frac{r_{ij}^{LVDC} \cdot (PL_{ij,t}^{LVDC})^2}{(U_{i,t}^{LVDC})^2}$$

(6-63)

$$P_{\text{loss,t}}^{VSC} = \frac{R_{c}^{VSC} \cdot \left[(P_{s,t}^{VSC})^2 + (QL_{s,t}^{VSC})^2 \right]}{(U_{s,t}^{VSC})^2}$$

(6-64)

式中：下标 t 为时间间隔索引；T 为优化的时间间隔集合；下标 ij 为支路索引；下标 i 为节点索引；$P_{\text{loss,ij,t}}^{MVAC/LVAC}$ 为 t 时刻下中/低压交流配

电网中支路 ij 的有功损耗功率；$P_{\text{loss},ij,t}^{LVDC}$ 为 t 时刻下低压直流配电网支路 ij 的有功损耗功率；$P_{\text{loss},t}^{VSC}$ 为 t 时刻下换流器的有功损耗功率；Δt 为每个时间间隔的跨度，本节中的值为 15min；$L_{\text{MVAC/LVAC}}$ 为中/低压交流配电网中的支路集合；L_{LVDC} 为低压直流配电网中的支路集合；$r_{ij}^{MVAC/LVAC}$ 为中/低压交流配电网支路 ij 的电阻；$PL_{ij,t}^{MVAC/LVAC}$ 为 t 时刻下中/低压交流配电网中支路 ij 的首端有功功率；$QL_{ij,t}^{MVAC/LVAC}$ 为 t 时刻下中/低压交流配电网中支路 ij 的首端无功功率；$U_{i,t}^{MVAC/LVAC}$ 为 t 时刻下中/低压交流配电网节点 i 的电压幅值；r_{ij}^{LVDC} 为低压直流配电网支路 ij 的电阻；$PL_{ij,t}^{LVDC}$ 为 t 时刻下低压直流配电网中支路 ij 的首端有功功率；$U_{i,t}^{LVDC}$ 为 t 时刻下低压直流配电网节点 i 的电压幅值；R_{c}^{VSC} 为换流器损耗的等效电阻；$P_{s,t}^{VSC}$ 为 t 时刻下换流器中从扩展节点 s 到 c 的首端有功功率；$Q_{s,t}^{VSC}$ 为 t 时刻下换流器中从扩展节点 s 到 c 的首端无功功率；$U_{s,t}^{VSC}$ 为 t 时刻下换流器中扩展节点 s 的电压幅值。

2. 约束条件

多电压等级新型配电系统下，广义储能协同调度模型的约束条件包含交流配电网运行约束、直流配电网运行约束、交直流混合配电网安全约束、广义储能运行约束、VSC 运行约束。

为了简化说明，对下标的范围或集合进行了整理，并列于表 6-10 中。在以下约束条件中，如果未指定，则以下提到的所有下标都符合其相应的范围和集合。

表 6-10　下标值的范围/集合

下标	范围/集合
e	E
m	M
n	N
t	$\forall$
#	MVAC/LVAC 对于中压交流/低压交流配电网

下标	范围/集合
i，j，k	$N_{MVAC}/N_{LVAC}/N_{LVDC}$ 对于中压交流/低压交流/低压直流配电网
ij，jk	$L_{MVAC}/L_{LVAC}/L_{LVDC}$ 对于中压交流/低压交流/低压直流配电网

注 下标 e 表示储能索引，E 表示储能集合，下标 m 表示可转移负荷索引，M 表示可转移负荷集合，下标 n 表示电动汽车索引，N 表示电动汽车集合，t 表示时间片段索引，当系统为中压交流配电网时，符号 # 表示 MVAC，否则，表示 LVAC，i、j、k 表示节点索引，ij、jk 表示支路索引，$N_{MVAC/LVAC}$ 表示中/低压交流配电网中的节点集合，N_{LVDC} 表示低压直流配电网中的节点集合。

（1）交流配电网运行约束计算公式如下

$$PL_{jk,t}^{\#}=PL_{ij,t}^{\#}-\frac{r_{ij}^{\#} \cdot [(PL_{ij,t}^{\#})^2+(QL_{ij,t}^{\#})^2]}{(U_{i,t}^{\#})^2}-P_{j,t}^{\#} \quad (6\text{-}65)$$

$$QL_{jk,t}^{\#}=QL_{ij,t}^{\#}-\frac{x_{ij}^{\#} \cdot [(PL_{ij,t}^{\#})^2+(QL_{ij,t}^{\#})^2]}{(U_{i,t}^{\#})^2}-Q_{j,t}^{\#} \quad (6\text{-}66)$$

$$(U_{j,t}^{\#})^2=(U_{i,t}^{\#})^2-2(r_{ij}^{\#} \cdot PL_{ij,t}^{\#}+x_{ij}^{\#} \cdot QL_{ij,t}^{\#})+[(r_{ij}^{\#})^2+(x_{ij}^{\#})^2]$$
$$\cdot \frac{(PL_{ij,t}^{\#})^2+(QL_{ij,t}^{\#})^2}{(U_{i,t}^{\#})^2} \quad (6\text{-}67)$$

式中：$x_{ij}^{MVAC/LVAC}$ 表示中/低压交流配电网支路 ij 电抗；$P_{j,t}^{MVAC/LVAC}$ 表示 t 时刻下中/低压交流配电网节点 j 的有功功率需求；$Q_{j,t}^{MVAC/LVAC}$ 表示 t 时刻下中/低压交流配电网节点 j 的无功功率需求。

（2）直流配电网运行约束计算公式如下

$$PL_{jk,t}^{LVDC}=PL_{ij,t}^{LVDC}-\frac{r_{ij}^{LVDC} \cdot (PL_{ij,t}^{LVDC})^2}{(U_{i,t}^{LVDC})^2}-P_{j,t}^{LVDC} \quad (6\text{-}68)$$

$$U_{j,t}^{LVDC}=U_{i,t}^{LVDC}-\frac{r_{ij}^{LVDC} \cdot PL_{ij,t}^{LVDC}}{U_{i,t}^{LVDC}} \quad (6\text{-}69)$$

式中：$P_{j,t}^{LVDC}$ 表示 t 时刻下低压直流配电网节点 j 有功功率需求。

（3）交直流混合配电网安全约束计算公式如下

$$U_{min}^{\#} \leqslant U_{i,t}^{\#} \leqslant U_{max}^{\#} \quad (6\text{-}70)$$

$$(PL_{ij,t}^{\#})^2+(QL_{ij,t}^{\#})^2 \leqslant S_{max}^{\#} \quad (6\text{-}71)$$

$$-P_{max}^{LVDC} \leqslant PL_{ij,t}^{LVDC} \leqslant P_{max}^{LVDC} \quad (6\text{-}72)$$

式中：$U_{max}^{MVAC/LVAC}$ 表示中/低压交流配电网中电压幅值的上限；

$U_{\min}^{MVAC/LVAC}$ 表示中/低压交流配电网中电压幅值的下限；$U_{\max}^{LVDC}$ 表示低压直流配电网中电压幅值的上限；$U_{\min}^{LVDC}$ 表示低压直流配电网中电压幅值的下限；$S_{\max}^{MVAC/LVAC}$ 表示中/低压交流配电网支路的最大传输容量；$P_{\max}^{LVDC}$ 表示低压直流配电网支路的最大传输功率。

（4）广义储能运行约束。广义储能运行约束包括储能、可转移负荷和电动汽车运行约束。

1）储能运行约束计算公式如下

$$E_{e,t} = \begin{cases} E_{e,ini} & t=0 \\ E_{e,t-1} + (u_{e,t-1}^{ESS,Cha} \cdot \mu^{ESS} - u_{e,t-1}^{ESS,Dis}/\mu^{ESS}) \cdot P_e^{ESS} \cdot \Delta t / C_e^{ESS} & t \in \mathbb{T} \backslash 0 \end{cases}$$

$$(6-73)$$

$$\sum_{t \in T} (u_{e,t}^{ESS,Cha} - u_{e,t}^{ESS,Dis}) = 0 \tag{6-74}$$

$$E_{\min} \leqslant E_{e,t} \leqslant E_{\max} \tag{6-75}$$

$$u_{e,t}^{ESS,Cha} + u_{e,t}^{ESS,Dis} \leqslant 1 \tag{6-76}$$

$$u_{e,t}^{ESS,Cha}, u_{e,t}^{ESS,Dis} \in \{0,1\} \tag{6-77}$$

式中：$E_{e,t}$ 表示 t 时刻下储能 e 的荷电状态；$E_{e,ini}$ 表示第 e 个储能的初始荷电状态；C_e^{ESS} 表示第 e 个储能的容量；P_e^{ESS} 表示第 e 个储能的额定功率；μ^{ESS} 表示储能的充放电效率；$u_{Cha\,e,t}^{ESS,}$ 表示 t 时刻下第 e 个储能的充电决策；$u_{Dis\,e,t}^{ESS,}$ 表示 t 时刻下第 e 个储能的放电决策；$E_{\max/\min}$ 表示储能荷电状态上/下限。

2）可转移负荷运行约束计算公式如下

$$-TL_{\max} \cdot P_{m,t}^{basic} \leqslant P_{m,t}^{TL} \leqslant TL_{\max} \cdot P_{m,t}^{basic} \tag{6-78}$$

$$\sum_{t \in T} P_{m,t}^{TL} = 0 \tag{6-79}$$

式中：$TL_{\max}$ 表示可转移负荷的最大可转化率；$P_{m,t}^{TL}$ 表示 t 时刻下第 m 个可转移负荷的转移有功功率；$P_{m,t}^{basic}$ 表示 t 时刻下第 m 个可转移负荷相对应节点的基本有功负荷。

3）电动汽车运行约束。对于需要充电的电动汽车，其荷电状态、泊车特性和所连接的充电设施功率共同决定了电池充满电所需的时间。因此，面对含多额定功率充电桩的充电站时，车主往往根据其预期泊车时间和电动汽车荷电状态合理选择相匹配的充电桩。假设车主处于完全理性的状态，可根据以下两个原则选择要使用的充电桩。

原则 1：选定的充电桩功率需要足够大，以便车主在估计的停留时间内尽可能地为电池充满电，这是一种基于"里程焦虑"的措施。

原则 2：如果交流充电桩能够满足原则 1，则应选择交流充电桩，因为它可以在一定程度上延长电池使用寿命。

基于上述原则，建立电动汽车运行约束，见式（6-80）～式（6-85）。

$$B_{\text{lea},n} = \min(B_{\text{arr},n} + P_n^{EV} \cdot \mu^{EV} \cdot T_{\text{dur},n}/C^{EV}, B_{\max}) \quad (6\text{-}80)$$

$$B_{n,T_{\text{lea},n}} \geqslant B_{\text{lea},n} \quad (6\text{-}81)$$

$$B_{n,t} = \begin{cases} B_{\text{arr},n} & t = T_{\text{arr},n} \\ B_{n,t-1} + (u_{n,t-1}^{EV,Cha} \cdot \mu^{EV} - u_{n,t-1}^{EV,Dis}/\mu^{EV}) \cdot P_n^{EV}/C^{EV} & T_{\text{arr},n} < t \leqslant T_{\text{lea},n} \end{cases}$$

$$(6\text{-}82)$$

$$B_{\min} \leqslant B_{n,t} \leqslant B_{\max} \quad (6\text{-}83)$$

$$\begin{cases} u_{n,t}^{EV,Cha} + u_{n,t}^{EV,Dis} \leqslant 1 & T_{\text{arr},n} \leqslant t < T_{\text{lea},n} \\ u_{n,t}^{EV,Cha} + u_{n,t}^{EV,Dis} = 0 & (t < T_{\text{arr},n} \quad \text{or} \quad t \geqslant T_{\text{lea},n}) \end{cases} \quad (6\text{-}84)$$

$$u_{n,t}^{EV,Cha}, u_{n,t}^{EV,Dis} \in \{0,1\} \quad (6\text{-}85)$$

式中：μ^{EV} 表示充电桩充放电效率；C^{EV} 表示电动汽车的电池容量；$B_{\max/\min}$ 表示电动汽车荷电状态的上/下限；$B_{\text{arr},n}$ 表示第 n 辆电动汽车到达电动汽车充电站时的荷电状态；$B_{\text{lea},n}$ 表示第 n 辆电动汽车离开电动汽车充电站时的预期荷电状态；$B_{n,t}$ 表示 t 时刻下第 n 辆电动汽车的荷电状态；$T_{\text{arr/lea},n}$ 表示第 n 辆电动汽车到达/离开电动汽车充电站的时刻；$T_{\text{dur},n}$ 表示第 n 辆电动汽车的泊车时间；P_n^{EV} 表示连接到第 n 辆电动汽车的充电桩的额定功率；$u_{\text{Cha},n,t}^{EV,}$ 表示 t 时刻下第 n 辆电动汽车的充电决策；$u_{\text{Dis }n,t}^{EV}$ 表示 t 时刻下第 n 辆电动汽车的放电决策。

（5）VSC 运行约束。在本书中，假设换流器采用交流侧恒定无功功率和直流侧恒定电压的工作模式。即

$$U_{\text{g},t}^{LVDC}=U_{\text{g,ref}} \tag{6-86}$$

$$Q_{\text{s},t}^{VSC}=Q_{\text{s,ref}} \tag{6-87}$$

$$P_{\text{p},t}^{MVAC}=P_{\text{s},t}^{VSC}=P_{\text{g},t}^{LVDC}+P_{\text{loss},t}^{VSC} \tag{6-88}$$

$$Q_{\text{p},t}^{MVAC}=Q_{\text{s},t}^{VSC} \tag{6-89}$$

$$U_{\text{c},t}^{VSC}\leqslant\frac{1}{\sqrt{2}}U_{\text{g},t}^{LVDC} \tag{6-90}$$

$$-P_{\max}^{VSC}\leqslant P_{\text{g},t}^{VSC}\leqslant P_{\max}^{VSC} \tag{6-91}$$

在式（6-90）中，有

$$\begin{cases} (U_{\text{c},t}^{VSC})^2=(U_{\text{s},t}^{VSC})^2-2(R_{\text{s}}^{VSC}\cdot P_{\text{s},t}^{VSC}+X_{\text{s}}^{VSC}\cdot Q_{\text{s},t}^{VSC})+ \\ \left[(R_{\text{s}}^{VSC})^2+(X_{\text{s}}^{VSC})^2\right]\cdot\dfrac{(P_{\text{s},t}^{VSC})^2+(Q_{\text{s},t}^{VSC})^2}{(U_{\text{s},t}^{VSC})^2} \\ U_{\text{s},t}^{VSC}=U_{\text{p},t}^{MVAC}/K^{VSC} \end{cases} \tag{6-92}$$

式中：$U_{\text{g},t}^{LVDC}$ 表示 t 时刻下连接到换流器的直流侧的电压幅值；$U_{\text{g,ref}}$ 和 $Q_{\text{s,ref}}$ 表示换流器控制模式的设置参数；$P_{\text{p},t}^{MVAC}$ 表示 t 时刻下注入换流器的有功功率；$Q_{\text{p},t}^{MVAC}$ 表示 t 时刻下注入换流器的无功功率；$P_{\text{s},t}^{VSC}$ 表示 t 时刻下换流器中从扩展节点 s 到 c 的首端有功功率；$Q_{\text{s},t}^{VSC}$ 表示 t 时刻下换流器中从扩展节点 s 到 c 的首端无功功率；$P_{\text{g},t}^{LVDC}$ 表示 t 时刻下换流器的出口功率；$U_{\text{p},t}^{MVAC}$ 表示 t 时刻下连接到换流器的交流侧的电压幅值；$U_{\text{s/c},t}^{VSC}$ 表示 t 时刻下换流器中扩展节点 s/c 的电压幅值；X_{s}^{VSC} 表示换流器等效电抗；$P_{\max}^{VSC}$ 表示换流器的出口功率上限；K^{VSC} 表示换流器中换流变压器的变比。

3. 模型简化

多电压等级新型配电系统下，广义储能协同调度模型是一个非凸

优化问题，目前成熟的优化算法无法进行有效求解。下面将合理简化目标函数和模型中的部分约束，以获得更实用的模型。

（1）网络损耗的简化。由于配电网的电压幅值接近 1p.u.，额定电压约等于实际电压。式（6-61）～式（6-64）可替换为式（6-93）～式（6-96）。

$$P_{\text{loss},ij,t}^{MVAC} = \frac{r_{ij}^{MVAC} \cdot \left[(PL_{ij,t}^{MVAC})^2 + (QL_{ij,t}^{MVAC})^2 \right]}{(U_{N}^{MVAC})^2} \tag{6-93}$$

$$P_{\text{loss},ij,t}^{LVAC} = \frac{r_{ij}^{LVAC} \cdot \left[(PL_{ij,t}^{LVAC})^2 + (QL_{ij,t}^{LVAC})^2 \right]}{(U_{N}^{LVAC})^2} \tag{6-94}$$

$$P_{\text{loss},ij,t}^{LVDC} = \frac{r_{ij}^{LVDC} \cdot (PL_{ij,t}^{LVDC})^2}{(U_{N}^{LVDC})^2} \tag{6-95}$$

$$P_{\text{loss},t}^{VSC} = \frac{R_{c}^{VSC} \cdot \left[(P_{s,t}^{VSC})^2 + (QL_{s,t}^{VSC})^2 \right]}{(U_{N}^{MVAC}/K^{VSC})^2} \tag{6-96}$$

式中：$U_{N}^{MVAL/LVAC}$ 表示中/低压交流配电网的额定电压；U_{N}^{LVDC} 表示低压直流配电网的额定电压。

（2）交流配电网中潮流约束的线性化。在忽略网络损耗的情况下。式（6-65）、式（6-66）可以简化为式（6-97）、式（6-98）。忽略电压降的横向分量，将每个节点电压（$U_{i,t}^{MVAC/LVAC}$）替换为交流配电网的额定电压（$U_{N}^{MVAC/LVAC}$），式（6-67）的计算公式可以简化为式（6-99）。

$$PL_{jk,t}^{\#} = PL_{ij,t}^{\#} - P_{j,t}^{\#} \tag{6-97}$$

$$QL_{jk,t}^{\#} = QL_{ij,t}^{\#} - Q_{j,t}^{\#} \tag{6-98}$$

$$U_{j,t}^{\#} = U_{i,t}^{\#} - \frac{r_{ij}^{\#} \cdot PL_{ij,t}^{\#} + x_{ij}^{\#} \cdot QL_{ij,t}^{\#}}{U_{N}^{\#}} \tag{6-99}$$

（3）直流配电网中潮流约束的线性化。与交流配电网中潮流约束的线性化类似，低压直流配电网的运行约束，即式（6-68）、式（6-69）可以简化为式（6-100）、式（6-101）。

$$PL_{jk,t}^{LVDC} = PL_{ij,t}^{LVDC} - P_{j,t}^{LVDC} \tag{6-100}$$

$$U_{j,t}^{LVDC} = U_{i,t}^{LVDC} - \frac{r_{ij}^{LVDC} \cdot PL_{ij,t}^{LVDC}}{U_{N}^{LVDC}} \tag{6-101}$$

（4）交流配电网传输容量约束的线性化。中/低压交流配电网的输电容量约束可以近似为多边形约束。此处仍采用内接正十二边形近似模型。因此，式（6-71）可以简化为式（6-102）。

$$\kappa_{\omega}^{\#} PL_{ij,t}^{\#} + \chi_{\omega}^{\#} QL_{ij,t}^{\#} + \tau_{\omega}^{\#} \leqslant 0 \quad \forall \omega \in [1,2,\cdots,12] \tag{6-102}$$

式中：$\kappa_{\omega}^{\#}$、$\chi_{\omega}^{\#}$ 和 $\tau_{\omega}^{\#}$ 表示中/低压交流配电网线性化后的传输容量约束的系数。

（5）换流器和配电网之间功率关系以及电压关系的线性化。将式（6-88）、式（6-92）用式（6-103）、式（6-104）替换。

$$P_{p,t}^{MVAC} = P_{s,t}^{VSC} = P_{g,t}^{LVDC} \tag{6-103}$$

$$\begin{cases} U_{c,t}^{VSC} = U_{s,t}^{VSC} - \dfrac{R_{s}^{VSC} \cdot P_{s,t}^{VSC} + X_{s}^{VSC} \cdot Q_{s,t}^{VSC}}{U_{s,t}^{VSC}} \\ U_{s,t}^{VSC} = U_{N}^{MVAC} / K^{VSC} \end{cases} \tag{6-104}$$

通过上述合理松弛，简化后的模型如下：

$$\begin{gathered} \min(6\text{-}60) \\ s.t. \ (6\text{-}70)(6\text{-}72)\sim(6\text{-}87)(6\text{-}89)\sim(6\text{-}91)(6\text{-}97)\sim(6\text{-}103) \end{gathered} \tag{6-105}$$

6.3.2 实证分析

1. 算例概览与参数设定

为了说明模型的实用效果，采用一个改造后的 52 节点多电压等级交直流配电网案例来验证所提出的调度模型。优化过程是在 Python 编程环境中通过 Gurobi 求解器实现，与最优解的差距设置为 1%。

图 6-11 所示为改造后的多电压等级交直流配电网结构。该混合系统由三个配电网组成，包括 10kV 交流配电网、0.4kV 交流配电网和 0.4kV 直流配电网。

采用的其他参数规定如下：

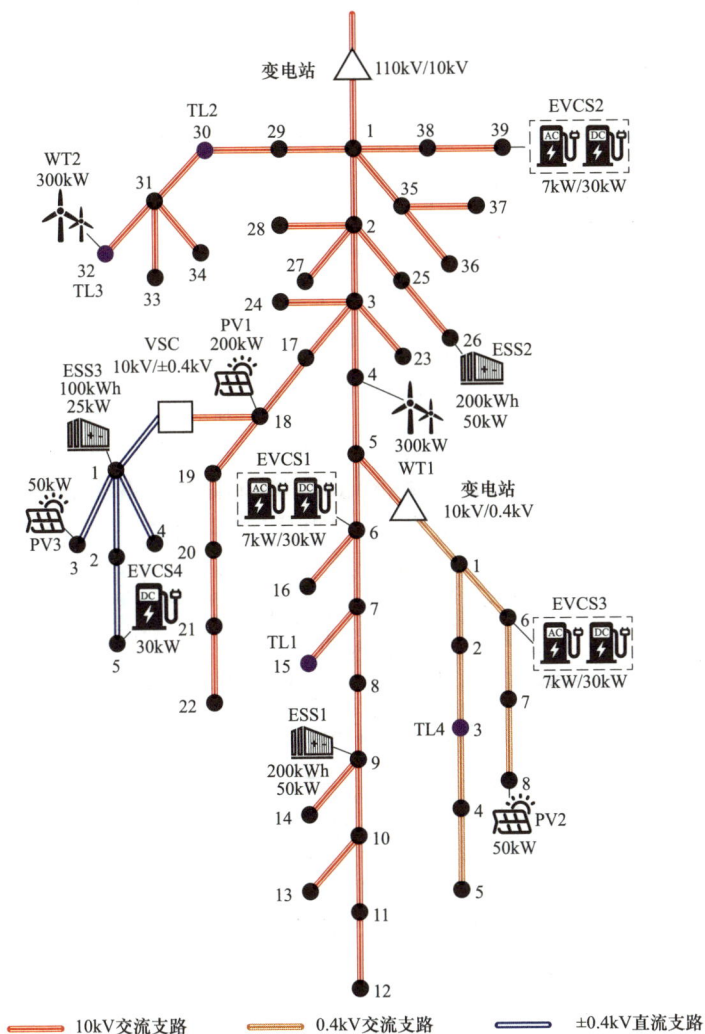

图 6-11 52 节点多电压等级交直流配电网

（1）在多电压等级交直流混合配电网络中，每个电压等级的电压基值与额定电压一致。整个系统的功率基准值规定为 10MVA。

（2）节点负荷数据是基于文献中各时段夏季负荷比例关系，并利用线性插值法得到。

（3）光伏、风电的额定功率和安装位置，储能的额定功率、容量、安装位置，电动汽车充电站的安装位置以及其中的交流/直流充电桩的充放电功率都可以从图 6-11 中获得。

（4）假设该地区有 400 辆具有充电需求的电动汽车，编号为 1～4 的电动汽车充电站所服务的电动汽车数量均为 100 辆。电动汽车的出行数据通过基于概率分布函数的电动汽车充电行为的蒙特卡洛模拟生成，结果如图 6-12 所示。

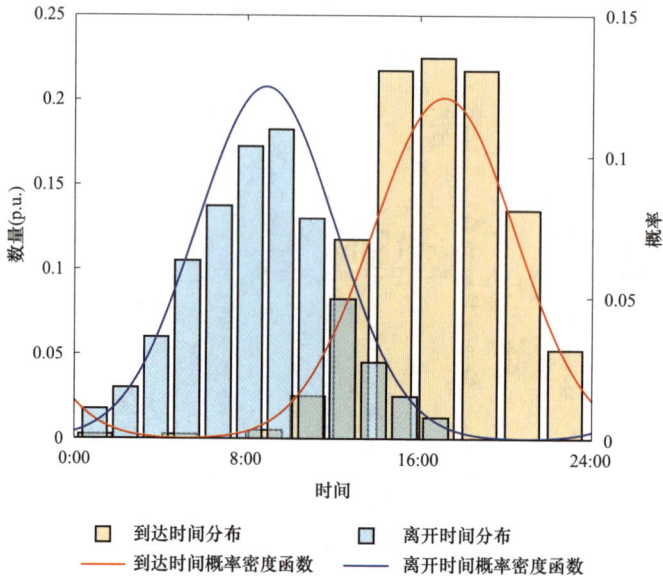

图 6-12　电动汽车的出行特性和相应的概率密度分布

（5）可转移负荷节点包括 10kV 交流配电网中编号为 15、30、32 的节点和 0.4kV 交流配电网中编号为 3 的节点。

（6）换流器的损耗参数如表 6-11 所示。在本算例中，换流器采用交流侧恒定无功功率和直流侧恒定电压的工作模式。设定的直流侧电压与直流配电网的额定电压一致，即 0.4kV。交流侧的无功功率设置为不带广义储能和分布式电源时的最小换流器出口功率的 0.95 功率因数。

表 6-11　　　　　　　　相 关 参 数 设 置

参数	值	参数	值
Cap	100（kWh）	R_s^{VSC}	0.01（Ω）
$[B_{\min}, B_{\max}]$	$[0.15, 0.85]$	X_s^{VSC}	0.05（Ω）

参数	值	参数	值
$[C_{\min},\ C_{\max}]$	$[0.15,\ 0.85]$	μ^{ESS}	0.95
$[U_{\min}^{MVAC},\ U_{\max}^{MVAC}]$	$[0.95,\ 1.05]$（p.u.）	μ^{EV}	0.95
$[U_{\min}^{LVAC},\ U_{\max}^{LVAC}]$	$[0.95,\ 1.05]$（p.u.）	$TL_{\max}$	0.25
$[U_{\min}^{MVDC},\ U_{\max}^{MVDC}]$	$[0.95,\ 1.05]$（p.u.）	$S_{\max}^{MVAC/LVAC}$	8/2MVA
K^{VSC}	40	$P_{\max}^{LVDC/VSC}$	2/2MW

（7）电动汽车的性能参数、充电桩的充放电效率、配电网的安全限制见表6-11。

（8）10kV和0.4kV电压水平下交流输电容量的线性化参数分别见表6-12和表6-13。

表6-12　　10kV交流配电网支路输电容量的线性化参数

ω	k_ω^{MVAC}	c_ω^{MVAC}	t_ω^{MVAC}
1	0.1072	0.4000	−0.3200
2	0.2928	0.2928	−0.3200
3	0.4000	0.1072	−0.3200
4	0.4000	−0.1072	−0.3200
5	0.2928	−0.2928	−0.3200
6	0.1072	−0.4000	−0.3200
7	−0.1072	−0.4000	−0.3200
8	−0.2928	−0.2928	−0.3200
9	−0.4000	−0.1072	−0.3200
10	−0.4000	0.1072	−0.3200
11	−0.2928	0.2928	−0.3200
12	−0.1072	0.4000	−0.3200

表6-13　　0.4kV交流配电网支路输电容量的线性化参数

ω	k_ω^{LVAC}	c_ω^{LVAC}	t_ω^{LVAC}
1	0.0268	0.1000	−0.0200
2	0.0732	0.0732	−0.0200
3	0.1000	0.0268	−0.0200
4	0.1000	−0.0268	−0.0200
5	0.0732	−0.0732	−0.0200

ω	k_ω^{LVAC}	c_ω^{LVAC}	t_ω^{LVAC}
6	0.0268	-0.1000	-0.0200
7	-0.0268	-0.1000	-0.0200
8	-0.0732	-0.0732	-0.0200
9	-0.1000	-0.0268	-0.0200
10	-0.1000	0.0268	-0.0200
11	-0.0732	0.0732	-0.0200
12	-0.0268	0.1000	-0.0200

（9）图 6-13 所示为太阳辐照度和风速的统计数据。式（6-106）和式（6-107）分别为光伏和风电的出力公式。

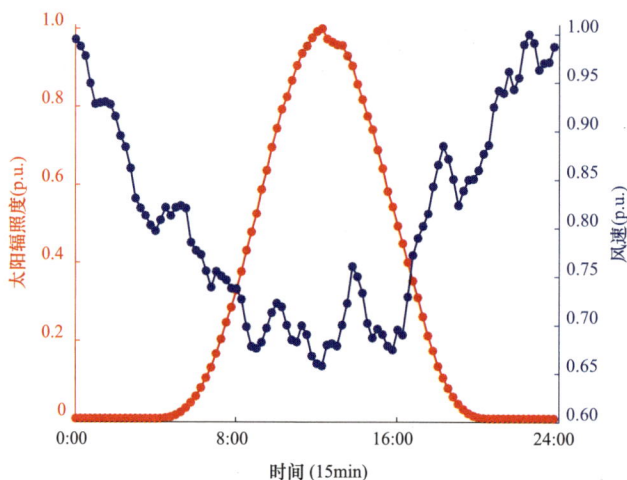

图 6-13　一组典型太阳辐照度和风速分布曲线

$$P_{PV}=\begin{cases} P_{PV\text{-rated}}\cdot\dfrac{ir}{ir_{rated}} & 0\leqslant ir<ir_{rated}\\[2mm] P_{PV\text{-rated}} & ir=ir_{rated}\end{cases} \tag{6-106}$$

$$P_{WT}=\begin{cases} 0 & 0\leqslant v<v_{in}\\[2mm] P_{WT\text{-rated}}\cdot\dfrac{(v-v_{in})}{(v_{rated}-v_{in})} & v_{in}\leqslant v<v_{rated}\\[2mm] P_{WT\text{-rated}} & v_{rated}\leqslant v\leqslant v_{out}\end{cases} \tag{6-107}$$

式中：$P_{PV\text{-rated}}$ 是光伏的额定功率；ir_{rated} 是额定辐照度；$P_{WT\text{-rated}}$ 是

风电的额定功率；v_{rated} 是额定风速；v_{in} 和 v_{out} 分别是切入风速和切出风速。

2. 数值分析

为了说明所提出的模型在减少网络损耗方面的有效性，设计了三种场景。场景 1 和场景 2 用于与所提模型进行对比。在场景 1 中，系统中的储能和可转移负荷是可控的，电动汽车处于无序充电模式。在场景 2 中，每个电压等级下都有一个代理商，该代理商独立负责其各自的配电网络，电动汽车、储能和可转移负荷将参与调度。场景 3 是本文提出的协同调度模型，整个系统将采用统一的调度管理。

表 6-14 展示了目标函数值。在场景 1 中，只能调度储能和可转移负荷，如果不管理电动汽车的充电行为，网络损耗将高达325.11kWh。在场景 2 中，与场景 1 相比，网络损耗减少了 18.6％。为了进一步提高整个系统的精细化管理水平，场景 3 统一管理和调度系统中的各种资源。最后，网络损耗减少到 255.85kWh，与场景 2 相比减少了 3.3％。

表 6-14   **目标函数的优化结果**

场景	目标函数/kWh
场景 1	325.11
场景 2	264.54
场景 3	255.85

通过实证分析，可以得出在广义储能合理统一调度的情况下，电网运行的经济性和安全性得到显著提高，且多电压等级的协同调度模型在降低网络损耗方面优于无序管理和独立优化。

6.4　本章小结

本章分别从新型配电网介绍、电动汽车协同调度方法、广义储能协同调度方法等三部分内容详细讲述了车桩网协同的电网优化调控技术。该技术从电网调控决策者的角度出发，着眼于配电网中的电动汽车、储能设备、可转移负荷等可调度资源，分别建立了电动汽车与广义储能的协同调度模型，以配电网安全经济运行为目标进行优化调控。基于实际地区地理—电气耦合系统的算例分析结果表明，电动汽车协同调度方法可有效地降低电网的综合成本，改善交直流配电网的电压幅值，缓解支路负荷的不平衡分布。在广义储能合理统一调度的情况下，电网运行的经济性和安全性得到显著提高，并且多电压等级的协同调度模型在降低网络损耗方面优于无序管理和独立优化。电网优化调控作为一个新兴的研究方向，还有许多问题有待发现和改善，例如，基于本章介绍的车桩网协同的电网优化调控技术，可以以此拓展，建立考虑电、气、热网一体化的多能源市场优化调控方法。

第 7 章   车桩网协同的城市公共快充站运营技术

近年来，EV 产业在政府和汽车企业的大力推动下，取得了长足的进步。随着 EV 的大规模应用，快充站作为 EV 应急充电的主流充电基础设施也得到迅速发展，随之快充负荷也逐渐攀升。但是由于快充行为具有充电周期短和充电功率大的特点，逐渐增加的快充负荷将引起配电网严重的电压问题。快充负荷作为一种灵活的需求侧响应资源，可通过有序充电控制缓解 EV 接入给电网运行带来的负面影响。针对快充负荷有序控制，目前的研究多数通过制定导航策略刻画用户的充电选择，而基于定价机制，引导快充负荷分布的研究刚刚起步，综合考虑用户、快充站、配电网、交通四者之间的影响需要进一步深入研究。为此，本章将提出一种面向配电网电压品质提升的 EV 快充站充电价格定价策略。选择某个城市区域为例，验证所提方法的有效性。

此外，需要说明一点，根据我国国家发展和改革委员会《关于电动汽车用电价格政策有关问题的通知》，目前，EV 用户完成充电需要向充换电设施经营者支付电费及充换电服务费两项费用。由于电费和充电服务费均与充电电量成正比，所以本章中的充电价格定义为用户支付每度电的费用。该充电价格涵盖电费和充电服务费。

7.1   城市公共快充站运营框架

面向配电网电压品质提升的电动车快充站双层充电价格定价策略框架如图 7-1 所示，该策略包括基于出行链的交通仿真模型和双层定价优化模型。

基于出行链的交通仿真模型：考虑城市区域 EV 多次出行特点、

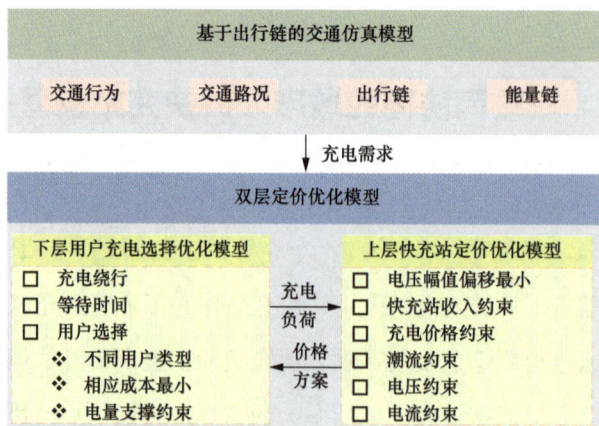

图 7-1 快充站充电价格定价策略框架

存在的慢充设施和路网约束等因素，利用出行链对其交通行为进行更为精细的建模仿真以确定 EV 快充需求，并将其传递给下层优化模型。

双层定价优化模型：基于出行链交通仿真模型确定快充需求，利用上层快充站定价优化模型确定充电价格方案和信息交互框架，并使用下层用户充电选择优化模型，得到 EV 用户的充电选择，即选择相应成本最小的快充站，进而可确定每个快充站的快充负荷。根据下层用户充电选择优化模型，确定快充站的负荷分布，在不降低快充站收入的条件下，以配电网电压偏移最小为目标，通过上层快充站定价优化模型，确定充电价格方案。

7.2 交通出行链仿真模型

考虑城市区域 EV 多次出行特点、存在的慢充设施以及路网约束等因素，基于出行链构建更为精细的交通仿真模型预测 EV 的快充需求分布。然后将快充需求分布传递给双层定价优化模型。

7.2.1 交通行为建模

假设快充站建在主干道上以避免交通拥堵，忽略 EV 在次要道路上的行驶距离。利用图论可描述路网的拓扑结构，其中顶点集 $\mathbf{V}=[v_i]_{1\times N_v}$ 为 N_v 维集合。该集合中元素 v_i 为路网节点或快充站，N_v 是路网中的顶点个数。路网邻接距离矩阵 $\mathbf{D}=[d(v_i,v_j)]_{N_v\times N_v}$，其中元素 $d(v_i,v_j)$ 如本书第二章所讲。在此基础上，阻抗矩阵 $\mathbf{IM}=[im(t_1,v_i.v_j)]_{Q_1\times N_v\times N_v}$ 为 $Q_1\times N_v\times N_v$ 维矩阵，用来描述考虑交通路况的每两个相邻顶点之间的行驶时间，其中，元素 $im(t_1,v_i.v_j)$ 是在时段 t_1 从顶点 v_i 到 v_j 的行驶时间，Q_1 是仿真间隔数。可根据邻接距离矩阵 $\mathbf{D}$ 和从交通中心的历史数据得出的平均行驶速度，确定矩阵 $\mathbf{IM}$。

　　EV 的移动性与用户的出行规律和日出行特性密切相关，可以基于出行链对其进行描述。出行链被广泛应用于出行需求预测，是按时间顺序排列的出行序列。出行链由每日行程的地点和路线组成，即由一个空间链和一个时间链组成。因为其他用途类型的 EV（如公共汽车、企业用车等）一般都有专用充电站，并且由于提供公共或专用出行服务，对其引导相对较难，所以本章主要考虑私家 EV 的快充需求预测和引导控制。

　　利用出行链可以反映出私家电动车在空间中的活动规律，描述从离家到回家的一系列移动和停车过程。假定电池容量消耗与实际行驶距离呈线性关系。因此，基于出行链理论，增加一个能量链以描述 EV 电池可用电量在时间和空间上的变化。本章通过构建空间链-时间

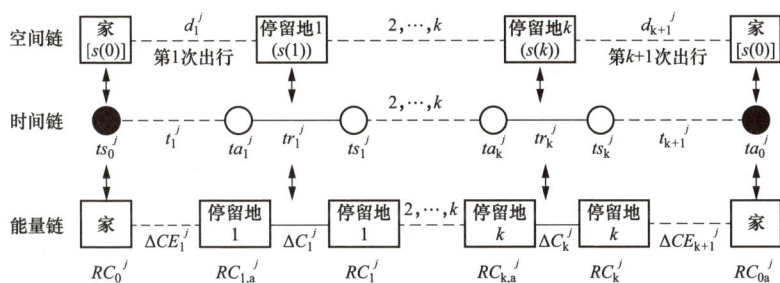

图 7-2　三链示意图

链-能量链（以下简称：三链），描述私家 EV 的移动特性和相应的电量变化，如图 7-2 所示，其中虚线表示行驶行为，实线表示停车行为。表 7-1 列出了图 7-2 中电动汽车 j 在三链中的相关变量及其含义。

表 7-1　　　电动汽车 j 的空间链、时间链和能量链的变量

空间链变量	时间链变量	能量链变量
$s(0)$ 首次出行起始位置的类型	ts_0^j：第 1 次出行的起始时间	RC_0^j：第 1 次出行 EV 的初始电量
$s(k)$ 第 k 个停留地的类型	t_{k+1}^j：第 $k+1$ 次出行的行驶时间	ΔCE_{k+1}^j：第 $k+1$ 次出行 EV 消耗的电量
d_{k+1}^j 第 $k+1$ 次出行的行驶距离	ta_k^j：到达第 k 个停留地的时间	$RC_{k,a}^j$：到达第 k 个停留地时 EV 剩余电量
—	tr_k^j：在第 k 个停留地的停留时间	ΔC_k^j：在第 k 个停留地的充电量
—	ts_k^j：离开第 k 个快充站的时间	RC_k^j：离开第 k 个停留地时剩余电量，即第 $k+1$ 次出行的初始电量
—	ta_0^j：出行结束的时间	RC_{0a}^j 出行结束的剩余电量

$TY = \{ty_m | m = 1,2,\cdots,Q_2\}$ 是停车类型的集合，其中，Q_2 是停车类型的总数。利用条件概率矩阵 TP 来描述不同时间，停车类型之间的转移概率，该矩阵可根据国家家庭出行调查 NHTS（National Household Travel Survey）数据确定。对于时间间隔 t_2，$Q_2 \times Q_2$ 维矩阵 TP 示于式（7-1），其中元素 $tp(ty_w, ty_m) | t_2$ 代表用户在时间间隔 t_2 从停车类型 ty_w 去停车类型 ty_m 的概率。式（7-1）中每一行的概率之和为 1。

$$TP(ty_w, ty_m | t_2) =$$

$$\begin{bmatrix} tp(ty_1, ty_1) | t_2 & \cdots & tp(ty_1, ty_m) | t_2 & \cdots & tp(ty_1, ty_{Q_2}) | t_2 \\ \vdots & \ddots & \vdots & \ddots & \vdots \\ tp(ty_w, ty_1) | t_2 & \cdots & tp(ty_w, ty_m) | t_2 & \cdots & tp(ty_w, ty_{Q_2}) | t_2 \\ \vdots & \ddots & \vdots & \ddots & \vdots \\ tp(ty_{Q_2}, ty_1) | t_2 & \cdots & tp(ty_{Q_2}, ty_m) | t_2 & \cdots & tp(ty_{Q_2}, ty_{Q_2}) | t_2 \end{bmatrix}$$

$$(7-1)$$

7.2.2 仿真具体流程

此处采用以下假设：

（1）EV 用户 j，尤其是希望避免风险的用户，可能会预留一个安全边际电量 RC_{ma}^{j} 来避免电量不足。

（2）针对 EV 用户仅考虑直流快充和恒定交流慢充。假设所有停留地都配备了足够的慢充设备；当停留时间大于阈值 thr_{sc} 时，EV 用户能够在中间停留地进行慢充，补充电量。

（3）EV 用户只在紧急情况下选择快充模式。

（4）假设 EV 一天最多需要一次快速充电，并且在"待在家中"的状态表示完成 EV 用户一天内的行程。

EV 快充需求的一次仿真流程如图 7-3 所示。

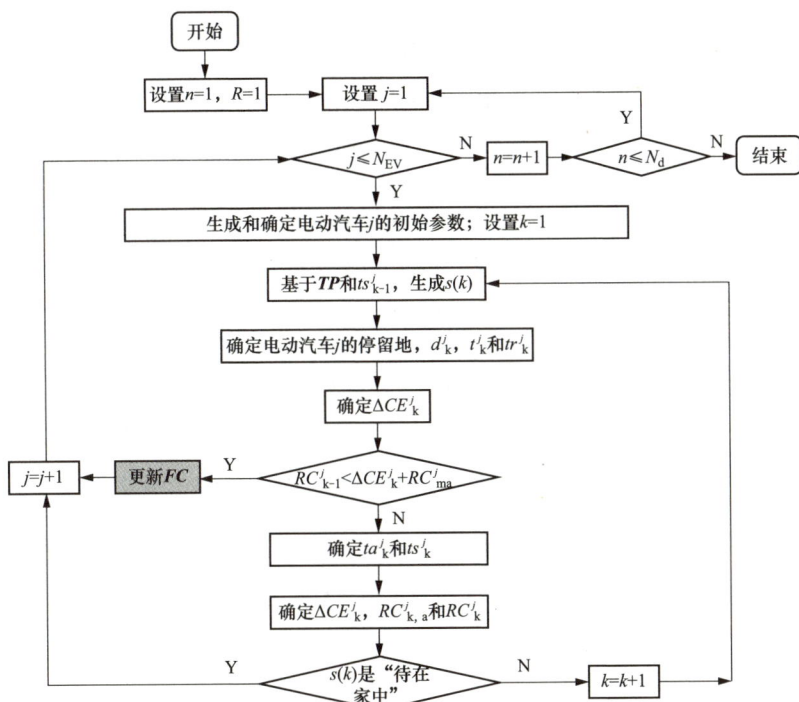

图 7-3　仿真流程图

步骤 1：设仿真天数 $n＝1$；初始化充电需求动态矩阵 $FC_{R\times6}$，设

其行号 $R=1$。

步骤 2：设电动汽车仿真个数 $j=1$。

步骤 3：如果 $j \leq N_{EV}$，则执行步骤 5；否则，$n=n+1$，并执行步骤 4。其中，N_{EV} 是 EV 总数。

步骤 4：如果 $n \leq N_d$，则返回执行步骤 2；否则结束仿真并输出快充需求 $\textbf{FC}$。其中，N_d 是典型日数。

步骤 5：生成并确定电动汽车 j 的以下初始参数，并设停留地编号 $k=1$。

1）基于由 NHTS 数据确定 ts_0^j 的概率分布，生成电动汽车 j 的 ts_0^j；

2）生成电动汽车 j 的 RC_{ma}^j；

3）确定电动汽车 j 的电池额定容量 Cap^j 和城市循环工况下每公里消耗的电量 e；

4）基于式（7-2），确定 RC_0^j。

$$RC_0^j = SOC_1^j \times Cap^j \tag{7-2}$$

其中，SOC_1^j 是电动汽车 j 的初始充电状态；考虑到电池安全和用户心理等因素，假设初始充电状态在 $[0.8, 0.9]$ 范围内变化。

步骤 6：基于 $\textbf{TP}$、$s(k-1)$ 和 ts_{k-1}^j，生成 $s(k)$。

步骤 7：确定第 k 个停留地、d_k^j、t_k^j 和 tr_k^j。

1）假设停车点位于路网的节点，路网节点的停车类型和相应权重可预先设定。基于 $s(k)$ 和路网节点的权重，确定第 k 个停留地；

2）基于改进的最短路径算法、$\textbf{IM}$ 和 ts_{k-1}^j，确定出行时间最小的出行路径。进而基于出行路径、距离 $\textbf{D}$ 和 $\textbf{IM}$，可计算 d_k^j 和 t_k^j；

3）基于由 NHTS 确定的 tr_k^j 概率分布，生成 tr_k^j。

步骤 8：基于式（7-3），确定 ΔCE_k^j；

$$\Delta CE_k^j = e \times d_k^j \tag{7-3}$$

步骤 9：如果 $RC_{k-1}^j < (\Delta CE_k^j + RC_{ma}^j)$，则更新充电需求矩阵 $\textbf{FC}$

（即将 j、$k-1$、k、ts_{k-1}^i、RC_{k-1}^i 和 RC_{ma}^j 数据依次保存到 **FC** 第 R 行中），并执行 $R=R+1$，执行 $j=j+1$ 和返回执行步骤 5；否则执行步骤 10。

步骤 10：基于式（7-4）式（7-5），确定 ta_k^i 和 ts_k^i

$$ta_k^i=ts_{k-1}^i+t_{k-1}^i \tag{7-4}$$

$$ts_k^i=ta_k^i+tr_k^i \tag{7-5}$$

步骤 11：基于式（7-6）～式（7-8），确定 ΔC_k^i，$RC_{k,a}^i$ 和 RC_k^i。

$$\Delta C_k^i=\begin{cases}\delta_k(RC_0^i-RC_{k,a}^i) & (RC_0^i-RC_{k,a}^i)\leqslant\eta_1 tr_k^i P_{rate}^{slow} \\ \delta_k tr_k^i P_{rate}^{slow} & (RC_0^i-RC_{k,a}^i)>\eta_1 tr_k^i P_{rate}^{slow}\end{cases} \tag{7-6}$$

$$RC_{k,a}^i=RC_{k-1}^i-\Delta CE_k^i \tag{7-7}$$

$$RC_k^i=RC_{k,a}^i+\Delta C_k^i \tag{7-8}$$

其中，δ_k 是二元变量；当在第 k 个停留地存在慢充设施且 tr_k^i 大于停留时间阈值 thr_{sc} 时，δ_k 为 1；否则 δ_k 为 0。P_{rate}^{fcs} 是慢充的额定功率；η_1 是慢充效率。

步骤 12：如果 $s(k)$ 为"待在家中"，则执行 $j=j+1$ 并返回执行步骤 5；否则，执行 $k=k+1$ 并返回执行步骤 6。

7.3 快充站运营价格优化模型

7.3.1 用户充电选择优化模型

下层优化模型是根据上层快充站定价优化模型给定的价格方案，考虑用户的主观选择，确定其选择充电的快充站，使得相应的成本最小，进而确定每个用户的充电量和快充站的充电负荷，并将其传递给上层快充站定价优化模型。

1. 充电绕行

当 EV 到达下一个目的地且耗尽电量之前，EV 会绕行进行充电。例如，当电动汽车 j 从第 $k-1$ 个停留地到第 k 个停留地的出行过程中需要快充时，它需要绕行到快充站 i 进行充电，因而此次出行将增加一个新停留地快充站 i。电动汽车 j 此次出行由如下两个出行构成：

（1）从第 $k-1$ 个停留地行驶到快充站 i，如图 7-4 中的出行 F1。

（2）从快充站 i 行驶到第 k 个停留地，如图 7-4 中的出行 F2。

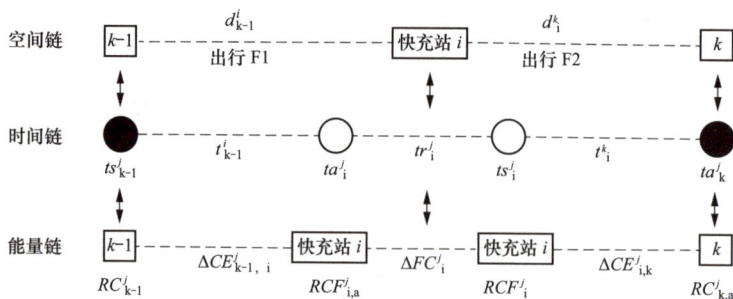

图 7-4　当电动汽车 j 从第（$k-1$）个停留地到第 k 个停留地需要快充时的出行示意图

图 7-4 中出行 F1 和 F2 的三链，具体变量如下。

1）初始信息：第 $k-1$ 个停留地、ts_{k-1}^i、RC_{k-1}^j、RC_{ma}^j 和其出行目的停留地第 k 个停留地，均可从基于出行链的交通仿真模型中的 FC 获取。

2）行驶行为变量：出行 F1 和出行 F2 的，出行时间 t_{k-1}^i 和 t_i^k，出行距离 d_{k-1}^i 和 d_i^k。以出行时间最小为目标，利用改进的最短路径算法，根据 **IM** 可确定出行 F1 和出行 F1 的出行路径，进而可确定以上相关变量。

3）停车充电行为变量：电动汽车 j 在快充站 i 的充电时间 tc_i^j、充电量 ΔFC_i^j、停留时间 tr_i^j，可由式（7-9）～式（7-11）确定。

$$tc_i^j = \Delta FC_i^j / (\eta_2 \times P_{rate}^{fcs}) \qquad (7\text{-}9)$$

$$\Delta FC_i^j = RC_0^j - (RC_{k-1}^i - d_{k-1}^i \times e) \qquad (7\text{-}10)$$

$$tr_i^j = tw_i^j + tc_i^j \qquad (7\text{-}11)$$

式中：η_2 是快充效率；P_{rate}^{fcs} 是快充的额定功率；tw_i^j 是电动汽车 j

在快充站 i 的等待时间，可由下述确定。

根据以上信息可确定电动汽车 j 到达快充站 i 的时间 ta_i^j，离开快充站 i 的时间 ts_i^j，和从第 $k-1$ 个停留地到第 k 个停留地的总出行时间 t_{k-1}^k。

2. 等待时间

电动汽车 j 在站内活动的示意图如图 7-5 所示。假设电动汽车在快充站按照先到先服务的规则接受服务。假设站内电动汽车根据到达时间的先后顺序形成一个队列。根据站内电动汽车个数和充电桩个数的关系，存在排队等待队列和充电队列。以电动汽车 j_1 在快充站 i 内的具体活动为例，确定其等待时间。到达和离开快充站 i 的电动汽车个数，如图 7-6 所示。电动汽车 j_1 在时间 m_1 到达快充站 i。在时间 m_1 之前，累计到达 4 辆电动汽车和累计离开 1 辆电动汽车。这意味着此时快充站 k 内电动汽车 j_1 前有 3 辆电动汽车。如果快充站有 2 个充电桩，则表示电动汽车 j_1 正在排队等待充电。在时刻 l_1，累计离开 3 辆电动汽车。这意味着在电动汽车 j_1 前没有电动汽车在排队等待且在该时刻有空闲充电桩。因此，电动汽车 j_1 将在时刻 l_1 开始充电，并且电动汽车 j_1 的等待时间是 l_1-m_1。

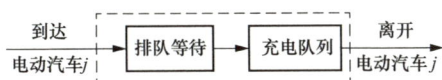

图 7-5 电动汽车 j 在快充站的活动情况

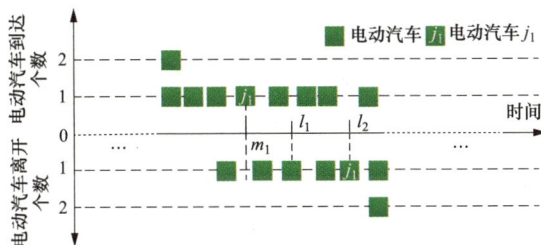

图 7-6 离开和到达快充站 i 的电动汽车个数

基于上述分析，可通过集合 $\boldsymbol{A}=\{ta_i^j \mid j\in[1,N_{FC}]\}$ 和 $\boldsymbol{B}=\{ts_i^j \mid j\in[1,N_{FC}]\}$ 分别按照时间顺序记录电动汽车 j 到达和离开快充站 i 的时间，其中，N_{FC} 是矩阵 $\boldsymbol{FC}$ 的行数，即需要快充的 EV 个数。可由式（7-12）确定在时刻 t 快充站 i 有 $nev(i,t)$ 辆电动汽车。当电动汽车 j 在时刻 ta_i^j 到达快充站 i 时，电动汽车 j 前排有 $nev(i,ta_i^j)$ 辆电动汽车。如果 $nev(i,ta_i^j)$ 小于快充站 i 处的充电桩个数 C_i 时，等待时间 tw_i^j 等于 0；否则，tw_i^j 是满足式（7-13）的最小时间 t。

$$nev(i,t)=Size(\boldsymbol{A},t)-Size(\boldsymbol{B},t) \tag{7-12}$$

式中：$Size(\boldsymbol{A},t)$ 和 $Size(\boldsymbol{B},t)$ 是在时间 t 前累计到达和离开的 EV 数量。

$$Obj: \min t$$

$$s.t. \quad Size(\boldsymbol{B},ta_i^j+t)+C_i>Size(\boldsymbol{A},ta_i^j) \quad 其中,(ta_i^j+t)\in\boldsymbol{B}$$

$$\tag{7-13}$$

3. 充电选择

基于出行链的交通仿真模型得到的快充需求，电动汽车 j 在余下电量 RC_{k-1}^j 的支撑下能够到达可选快充站 i。电动汽车 j 的可选快充站集合 $\boldsymbol{\Omega}_c$ 可由式（7-14）确定。

$$\boldsymbol{\Omega}_c=\{i \mid \Delta CE_{k-1,i}^j+RC_{ma}^j\leqslant RC_{k-1}^j \,\&\&\, tw_i^j\leqslant thr_{tw},i\in\boldsymbol{\Omega}\}$$

$$\tag{7-14}$$

式中：$\boldsymbol{\Omega}$ 是快充站集合，即 $\boldsymbol{\Omega}=\{1,2,\cdots,N_{fcs}\}$；$N_{fcs}$ 是快充站总数。

当 EV 需要快充时，不同类型用户考虑不同的成本，进而选择不同的快充站。为了刻画用户的主观选择，考虑以下三种类型的用户。

类型 I：选择充电成本 fc_i^j 最小的快充站，fc_i^j 可由式（7-15）计算；

类型 II：选择出行时间成本 ft_i^j 最小的快充站，ft_i^j 可由式（7-16）计算；

类型Ⅲ：选择总成本 f_i^j 最小的快充站，f_i^j 可由式（7-17）计算。

$$fc_i^j = \Delta FC_i^j \times cp_i, \quad i \in \boldsymbol{\Omega}_c \tag{7-15}$$

$$ft_i^j = t_{k-1}^k \times dc, \quad i \in \boldsymbol{\Omega}_c \tag{7-16}$$

$$f_i^j = fc_i^j + ft_i^j, \quad i \in \boldsymbol{\Omega}_c \tag{7-17}$$

式中：cp_i 是快充站 i 的充电成本；dc 是用户的单位时间成本；t_{k-1}^k 是从第 $k-1$ 个停留地到第 k 个停留地的总出行时间。

通过遍历 $\boldsymbol{\Omega}_c$ 中所有的快充站，可确定 EV 用户选择的快充站。根据式（7-18），可确定在时间 t 快充站 i 的平均充电负荷 $P_{i,t}^{fcs}$。根据式（7-10）和式（7-12）可确定 ΔFC_i^j 和 $nev(i,t)$，并将 ΔFC_i^j、$nev(i,t)$ 和 $P_{i,t}^{fcs}$ 传递给上层优化模型。

$$P_{i,t}^{fcs} = \begin{cases} \dfrac{1}{N_d} nev(i,t) \times P_{rate}^{fcs} & nev(i,t) \leqslant C_i \times N_d \\[3mm] \dfrac{1}{N_d} C_i \times P_{rate}^{fcs} & nev(i,t) \leqslant C_i \times N_d \end{cases} \tag{7-18}$$

7.3.2 快充站定价优化模型

1. 目标函数

电压幅值偏移指标如下所示

$$NVD_{n,t} = \|U_{n,p}\| - |U_{n,t}\| \tag{7-19}$$

式中：$NVD_{n,t}$ 是由于快充负荷引起在时间间隔 t 节点 n 的电压幅值偏差；$U_{n,t}$ 是无 EV 快充负荷接入时在时间间隔 t 节点 n 处的电压；$U_{n,p}$ 是接入 EV 快充负荷后在时间间隔 t 节点 n 处的电压。

以配电网的电压偏差 $TNVD$ 最小为目标，优化快充站的充电价格方案，如下所示

$$\min TNVD = \sum_{n=1}^{N_D} \sum_{t=1}^{T} NVD_{n,t} \tag{7-20}$$

式中：N_D 是配电网节点个数；T 是时间间隔个数。

2. 约束条件

（1）快充站收入约束。假设优化快充站的充电价格之前，其价格

一天当中是固定不变且所有快充站充电价格相同为 cp_0。并假设快充站与配电网有合作关系，所以假设快充站总充电成本收入优化前后保持不变，如下所示

$$\sum_{i=1}^{N_{\text{fcs}}} cp_i \times \sum_{j \in \boldsymbol{\Omega}(i,cp_i)} \Delta FC_i^j = \sum_{i=1}^{N_{\text{fcs}}} cp_0 \times \sum_{j \in \boldsymbol{\Omega}(i,cp_0)} \Delta FC_i^j \qquad (7\text{-}21)$$

式中：$\boldsymbol{\Omega}(i,cp_i)$ 和 $\boldsymbol{\Omega}(i,cp_0)$ 分别是以充电价格 cp_i 和 cp_0 选择快充站 i 的 EV 用户集合。

（2）cp_i 的上下限边界约束。充电价格应满足如下约束

$$cp_{\min} \leqslant cp_i \leqslant cp_{\max} \qquad (7\text{-}22)$$

式中：$cp_{\min}$ 是配电网的电价，作为充电价格的下限；$cp_{\max}$ 为单位电量行驶里程的燃油成本，作为充电价格的上限。

（3）电压约束计算公式如下

$$U_{n,\min} \leqslant U_{n,t} \leqslant U_{n,\max} \qquad (7\text{-}23)$$

式中：$U_{n,\min}$ 和 $U_{n,\max}$ 分别为节点 n 处的最小和最大电压幅值。

（4）支路电流约束计算公式如下

$$I_{l,\min} \leqslant I_{l,t} \leqslant I_{l,\max} \quad l \in \boldsymbol{\Omega}^L \qquad (7\text{-}24)$$

式中：$I_{l,t}$ 是时间间隔 t 中支路 l 的电流；$I_{l,\min}$ 和 $I_{l,\max}$ 分别是支路 l 的最小和最大电流；$\boldsymbol{\Omega}^L$ 是支路的集合。

（5）潮流约束计算公式如下

$$P_{n,t} = U_{n,t} \sum_{g=1}^{N_D} U_{g,t}(G_{n,g}\cos\theta_{n,g} + B_{n,g}\sin\theta_{n,g}) \qquad (7\text{-}25)$$

$$Q_{n,t}^D = U_{n,t} \sum_{g=1}^{N_D} U_{g,t}(G_{n,g}\sin\theta_{n,g} - B_{n,g}\cos\theta_{n,g}) \qquad (7\text{-}26)$$

$$P_{n,t} = P_{n,t}^D + \sum_{i \in \boldsymbol{\Omega}_n} P_{i,t}^{fcs} \qquad (7\text{-}27)$$

式中：$P_{n,t}^D$ 和 $Q_{n,t}^D$ 分别是没有快充负荷的配电网在时间间隔 t 节点 n 处的有功和无功功率；$\boldsymbol{\Omega}_n$ 是接入配电网节点 n 的快充站集合；$P_{n,t}$ 是接入快充负荷的配电网在时间间隔 t 节点 n 处的有功功率。

7.4 实证分析

7.4.1 算例系统

1. 电动汽车

考虑在中国市场占比较高的四种类型私人 EV，具体信息如表 7-2 所示。考虑到电池安全性和用户心理等因素，假设初始充电状态（SOC）在 $[0.8, 0.9]$ 范围内变化。根据美国交通部的 NHTS 数据，考虑了 6 种类型的站点，分别为家庭（ty_1）、工作（ty_2）、购物（ty_3）、娱乐（ty_4）、接送某人（ty_5）和就餐（ty_6）。ty_1 分为两种状态：“临时待在家中（ty_1）”和“待在家中（ty_7）”。本章中 **TP** 为 $24 \times 6 \times 7$ 矩阵，其中当 ts_k^i 在 7：00—8：00 和 17：00—18：00 内时的 **TP** 如图 7-7 所示。ts_0^i 的概率分布和不同类型的停留和停留时间可以查询得到。

表 7-2 主要 EV 类型

EV 生产商	EV 类型	比例（%）	电池额定容量（kWh）	e(kWh/km)
BYD	E6	12.17	57	0.14
BAIC BJEV	EV 160	11.11	25.6	0.13
GEELY NEW ENERGY	EV 300	10.15	45.3	0.15
ZOTYE AUTO	CLOUD100S	9.70	18	0.12

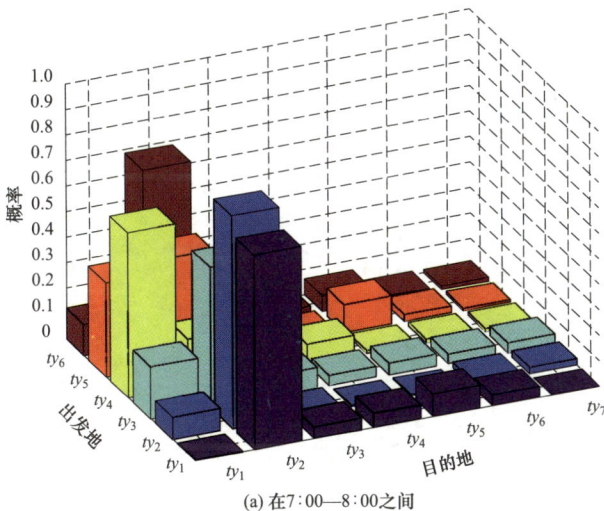

(a) 在7：00—8：00之间

图 7-7 不同类型停留的 *TP* 矩阵（一）

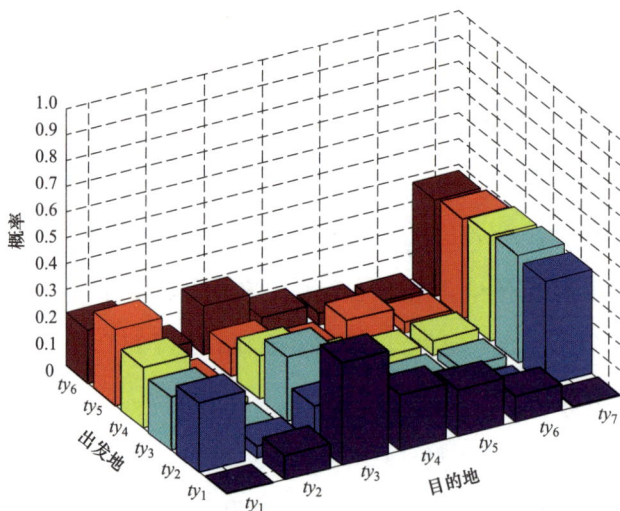

(b) 在17:00—18:00之间

图 7-7 不同类型停留的 TP 矩阵（二）

2. 道路网络

选择某个典型的城市干道网作为测试系统，如图 7-8 所示，由 116 条边和 42 个顶点组成，其中 42 个顶点包括 31 个道路网络节点

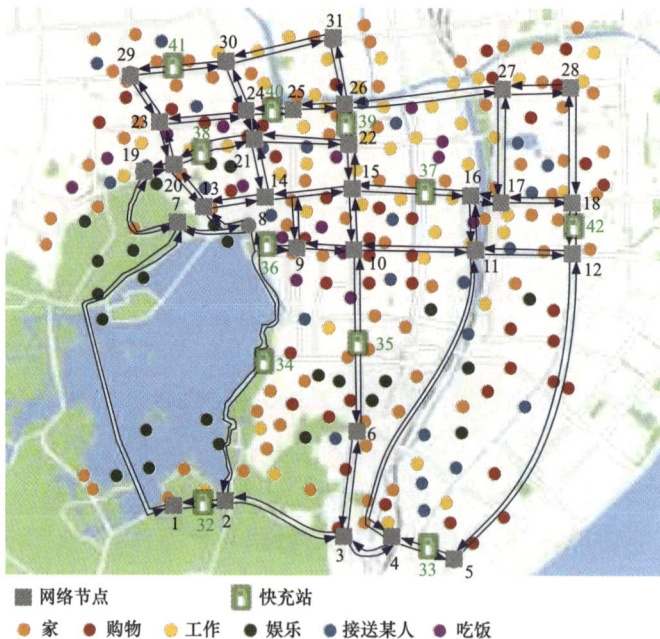

图 7-8 算例网络

和 11 个快充站。11 个快充站分别对应于 32～41 个顶点。每个快充站有 8 个充电桩。不同停留类型的分布如图 7-8 所示。42 个顶点的 **D** 列于表 7-3，**IM** 通过来自交通中心的交通数据获得。道路网络节点的停留类型权重如表 7-4 所示。

表 7-3 　　　　　　路网相邻节点的距离　　　　　　（单位 km）

v_i	v_j	距离	v_i	v_j	距离	v_i	v_j	距离	v_i	v_j	距离	v_i	v_j	距离
3	2	10	14	13	6	23	20	2	32	1	2	38	20	1
4	3	4	15	10	2	24	21	2	32	2	0.5	38	21	5
6	3	4	15	14	4	24	23	6	33	4	1	39	22	1
7	1	10	16	11	2	26	25	1	33	5	3	39	26	1
8	7	2.5	17	16	2	27	17	4	34	2	6	40	24	2
10	9	4	18	17	2	27	26	6	34	8	4	40	25	1
11	4	10	19	7	4	28	18	4	35	6	3	41	29	3
11	10	4	20	13	2	28	27	2	35	10	3	41	30	3
12	5	10	20	19	2.5	29	23	2	36	8	4	42	12	1
12	11	4	21	14	2	30	24	2	36	9	2	42	18	1
13	8	2	22	15	2	31	26	4	37	15	1			
14	9	2	22	21	4	31	30	4	37	16	3			

表 7-4 　　　　　　路网节点属性的权重

编号	ty_1	ty_2	ty_3	ty_4	ty_5	ty_6	编号	ty_1	ty_2	ty_3	ty_4	ty_5	ty_6
1	0.06	0.00	0.00	0.18	0.00	0.00	17	0.02	0.00	0.09	0.00	0.09	0.09
2	0.02	0.03	0.00	0.18	0.00	0.00	18	0.07	0.03	0.09	0.00	0.00	0.09
3	0.03	0.03	0.04	0.00	0.00	0.04	19	0.05	0.04	0.05	0.05	0.00	0.05
4	0.00	0.07	0.04	0.04	0.09	0.04	20	0.05	0.03	0.00	0.00	0.00	0.00
5	0.00	0.00	0.04	0.00	0.00	0.04	21	0.00	0.07	0.00	0.00	0.00	0.00
6	0.02	0.00	0.00	0.18	0.00	0.00	22	0.05	0.10	0.00	0.00	0.23	0.00
7	0.03	0.00	0.00	0.18	0.00	0.00	23	0.05	0.03	0.05	0.00	0.00	0.05
8	0.04	0.07	0.05	0.00	0.00	0.05	24	0.05	0.03	0.05	0.00	0.00	0.00
9	0.05	0.00	0.04	0.00	0.00	0.04	25	0.00	0.07	0.00	0.00	0.00	0.00
10	0.02	0.07	0.04	0.00	0.18	0.04	26	0.04	0.07	0.00	0.00	0.00	0.09
11	0.05	0.06	0.00	0.00	0.00	0.00	27	0.03	0.04	0.09	0.00	0.00	0.09
12	0.02	0.00	0.07	0.00	0.00	0.07	28	0.05	0.06	0.05	0.00	0.00	0.05
13	0.08	0.01	0.00	0.09	0.00	0.00	29	0.04	0.00	0.00	0.00	0.14	0.00
14	0.07	0.03	0.11	0.00	0.05	0.11	30	0.00	0.08	0.00	0.00	0.23	0.00
15	0.01	0.04	0.00	0.00	0.00	0.00	31	0.01	0.00	0.00	0.00	0.00	0.00
16	0.05	0.03	0.00	0.00	0.00	0.00							

3. 配电网

中国大多数的快充站接入三相 10kV 馈线。每个快充站作为 10kV 配电网的集中负荷。基于 IEEE33 标准配电网模型配置了 4 种不同结构的配电网模型，如图 7-9 所示。配电网的峰值负荷如表 7-5 所示。

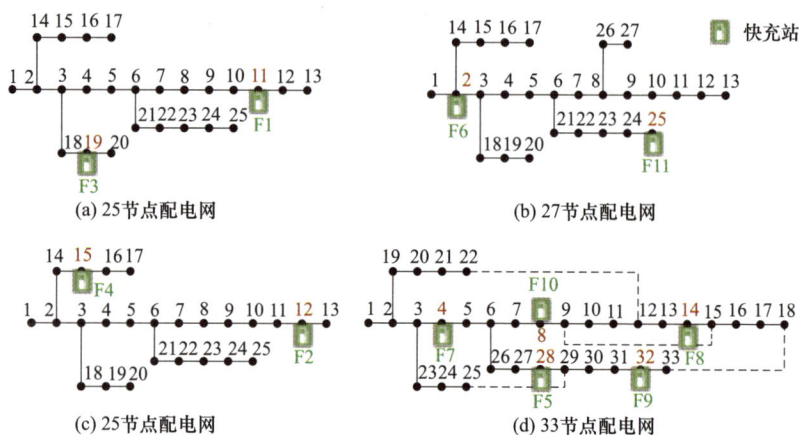

图 7-9　配电网拓扑结构

表 7-5　　　　　　　　　　　配电网节点的峰值负荷

25 节点配电网					
编号	峰值负荷（MVA）	编号	峰值负荷（MVA）	编号	峰值负荷（MVA）
1	0	10	0.06+j0.02	19	0.42+j0.2
2	0.1+j0.6	11	0.045+j0.03	20	0.42+j0.2
3	0.09+j0.04	12	0.06+j0.035	21	0.06+j0.025
4	0.12+j0.08	13	0.06+j0.01	22	0.06+j0.025
5	0.06+j0.03	14	0.09+j0.04	23	0.06+j0.02
6	0.06+j0.02	15	0.09+j0.04	24	0.12+j0.07
7	0.06+j0.035	16	0.09+j0.04	25	0.2+j0.6
8	0.06+j0.02	17	0.09+j0.04		
9	0.2+j0.1	18	0.09+j0.05		

27 节点配电网

编号	峰值负荷（MVA）	编号	峰值负荷（MVA）	编号	峰值负荷（MVA）
1	0	10	0.06＋j0.02	19	0.42＋j0.2
2	0.1＋j0.6	11	0.045＋j0.03	20	0.42＋j0.2
3	0.09＋j0.04	12	0.06＋j0.035	21	0.06＋j0.025
4	0.12＋j0.08	13	0.06＋j0.01	22	0.06＋j0.025
5	0.06＋j0.03	14	0.09＋j0.04	23	0.06＋j0.02
6	0.06＋j0.02	15	0.09＋j0.04	24	0.12＋j0.07
7	0.06＋j0.035	16	0.09＋j0.04	25	0.2＋j0.6
8	0.06＋j0.02	17	0.09＋j0.04	26	0.09＋j0.04
9	0.2＋j0.1	18	0.09＋j0.05	27	0.12＋j0.8

4. 其他仿真参数

表 7-6 列出了该方法所需的其他仿真参数。

表 7-6 **其 他 仿 真 参 数**

参数名称	数值	单位	参数名称	数值	单位	参数名称	数值	单位
Q_1	96	—	η_2	99	％	cp_{max}	3.3	RMB/kWh
Q_2	24	—	P_{rate}^{fcs}	120	kW	cp_0	1.6	RMB/kWh
RC_{ma}^j	0，1，2	km	thr_{tw}	20	min	N_d	100	day
thr_{sc}	120	min	dc	17	RMB/h	N_{EV}	30000	—
η_1	90	％	$U_{d,min}$	0.9	—	T	96	—
P_{rate}^{slow}	3.3	kW	cp_{min}	1.08	RMB/kWh	$U_{n,p}$	1	—

7.4.2 算例分析

1. 结果分析

EV 用户 Ⅰ型、Ⅱ型和Ⅲ型分别占 40％、30％和 30％。快充站的最优定价方案如图 7-10 所示。在保持快充站总收入不变的前提下，优化确定了一种价格方案以改善配电网电压分布。与 cp_0 价格方案相比，快充站 4、7 和 10 的充电价格较低，而其余快充站的充电价格较高。

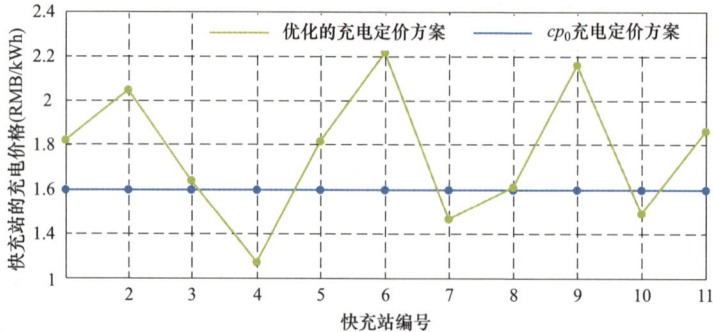

图 7-10　最优定价方案和 cp_0 的对比

图 7-11 给出了最优充电定价方案与 cp_0 价格方案下的负荷差值。根据最优定价方案，快充负荷在空间上相邻的快充站之间重新分配。由于快充站 6 的充电价格高于快充站 4 的充电价格，因此，快充站 6 的负荷部分转移到快充站 4 上。与 cp_0 充电定价方案下的相应负荷相比，最优充电定价方案下的快充站 6 的负荷有所降低，而快充站 4 的负荷有所增加。也就是说，配电网 B 的节点 2 处的快充负荷部分转移到配电网 C 的节点 15 处。同样，由于快充站 11 的价格高于快充站 4 和快充站 8 的价格，因此，快充站 11 的负荷部分转移到快充站 4 和

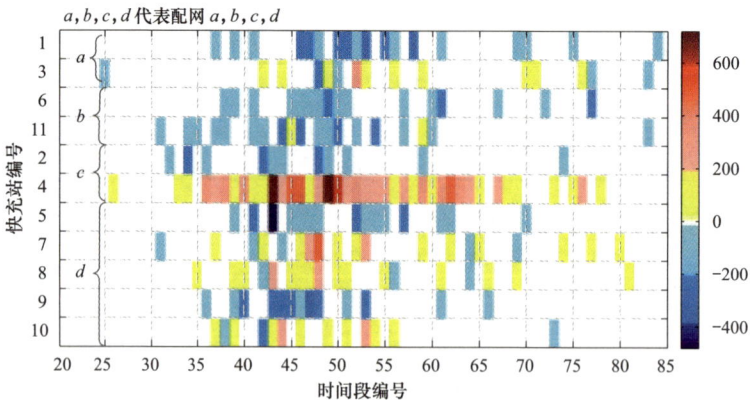

图 7-11　最优充电定价方案和 cp_0 价格方案下快充站负荷的差值

快充站 8。因此，与 cp_0 方案下的负荷相比，最优充电定价方案下的快充站 11 负荷有所降低。因为负荷部分转移到其他配电网的其他节点，最优充电定价方案下配电网 B 的电压分布得到改善，如图 7-12 所示。

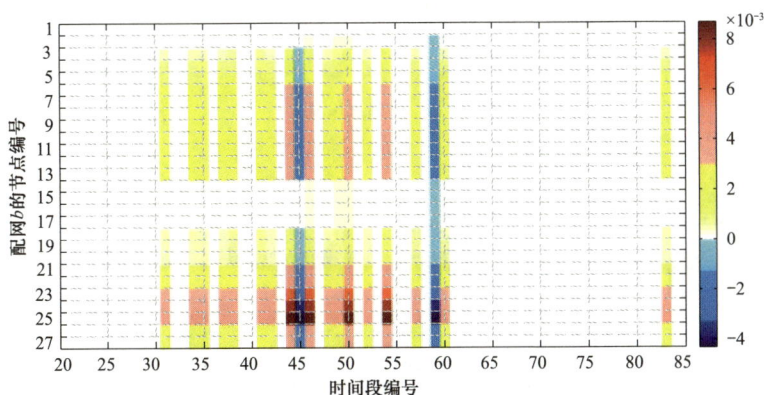

图 7-12　最优充电定价方案和 cp_0 价格方案下电压幅值的差值

2. 对比分析

为了验证所提方法的有效性，本章设定了三个场景，并将不同场景的结果进行了比较。

场景 I：充电成本优先、出行时间优先和总成本优先的 EV 用户比例分别为 20％、50％和 30％；

场景 II：充电成本优先、出行时间优先和总成本优先的 EV 用户比例分别为 40％、30％和 30％；

场景 III：充电成本优先、出行时间优先和总成本优先的 EV 用户比例分别为 50％、20％和 30％。

三种场景下，最优充电定价方案如图 7-13 所示。与采用 cp_0 价格方案下总电压幅度偏差 $TNVD_0$ 相比，图 7-14 展示了不同场景下的 $TNVD$。可以看出，随着 EV 个数的增加，电压幅值总偏差大幅减少。表 7-7 给出了不同场景下的总电压幅值偏差 $TNVD_0$ 和 $TNVD$ 的差值在不同配电网之间的分配。

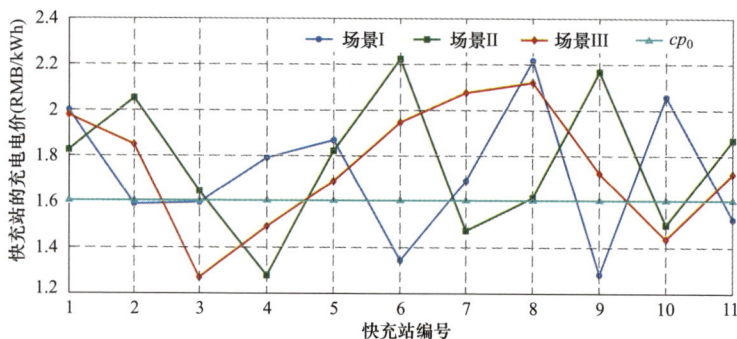

图 7-13　不同场景下的最优充电定价方案和 cp_0 价格方案

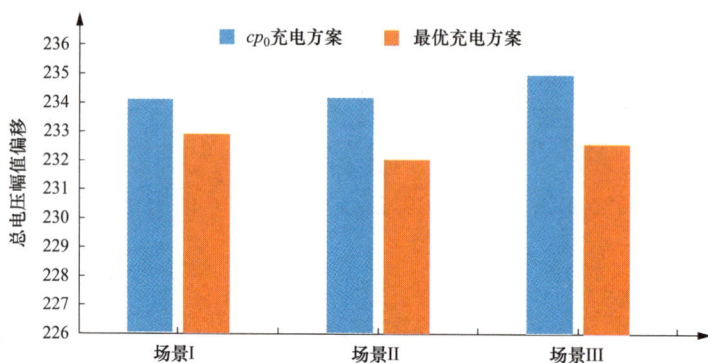

图 7-14　不同场景下 $TNVD$ 和 $TNVD_0$

表 7-7　　　　不同场景下不同配电网的总电压幅值偏移

场景	电压偏移	配电网 a	配电网 b	配电网 c	配电网 d	$TNVD_0$ 和 $TNVD$ 差值
I	优化充电定价方案	50.2684	62.8003	49.9785	69.8459	1.1951
	cp_0 价格方案	50.7840	63.4273	50.2758	69.6011	
II	优化充电定价方案	49.9201	62.792	50.4169	68.8859	2.1247
	cp_0 价格方案	50.977	63.5656	50.4763	69.1208	
III	优化充电定价方案	50.9933	63.2646	49.9685	68.3356	2.3737
	cp_0 价格方案	51.4274	63.411	50.6303	69.4671	

　　TD 和 TD_0 是在最优定价方案和 cp_0 价格方案下 d_{k-1}^i 的总和。不同场景下的 TD 和 TD_0 如图 7-15 所示。在最优定价方案下，由于快充站之间的充电价格不同，因此，有些 EV 用户相比在 cp_0 充电定价方案下，会选择相对较远的快充站。所以每种场景，TD 都大于

TD_0。因此，该方法降低了 EV 用户快充的便利性。这意味着配电网电压分布的改善是以牺牲 EV 用户整体上的便利性为代价的。

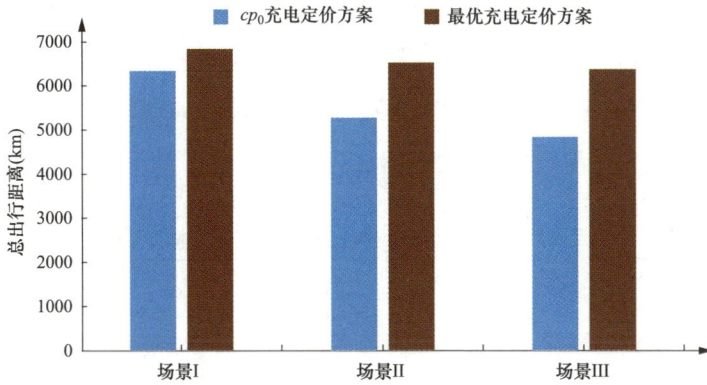

图 7-15　不同场景下 TD 和 TD_0

表 7-8 列出了不同用户优化前后 d_{k-1}^i 总和的差值。Ⅰ类型和Ⅲ类型用户的充电行为受充电价格的影响，因此在最优充电定价方案和 cp_0 充电定价方案下，每种场景 d_{k-1}^i 总和是不同的。Ⅱ类型用户的充电行为不受充电价格的影响，因此每种场景下 TD_2 等于 TD_{20}。由于改变了 EV 快充负荷的分布，因此改善了配电网的电压分布。越多的用户响应最优充电定价方案，$TNVD$ 和 $TNVD_0$ 之间的差值也就较大，如表 7-8 所示。

表 7-8　　不同场景下最优充电定价方案和 cp_0 价格方案下，
d_{k-1}^i 总和差值

差值 场景	TD_1 和 TD_{10}^* 的 差值（km）	TD_2 和 TD_{20}^* 的 差值（km）	TD_3 和 TD_{30}^* 的 差值（km）
场景Ⅰ	688.5	0	-185.5
场景Ⅱ	1399.5	0	-160
场景Ⅲ	1764	0	-224

* TD_1、TD_2 和 TD_3 分别是Ⅰ、Ⅱ和Ⅲ类型用户在最优充电定价方案下 d_{k-1}^i 的总和；TD_{10}、TD_{20} 和 TD_{30} 分别是Ⅰ、Ⅱ和Ⅲ类型用户在 cp_0 价格方案下 d_{k-1}^i 的总和。

表 7-9 列出了不同场景下最优定价方案和 cp_0 价格方案下相应成

本的差值。与 cp_0 价格方案下的成本相比：①三种场景下，由于Ⅱ类型用户充电行为不受价格的影响，所以最优定价方案的 FT_2 成本均不变；②而在场景Ⅰ和场景Ⅱ中，Ⅰ类型用户的 FC_1 成本和Ⅲ类型用户的 F_3 成本均减少；③场景Ⅲ时，最优定价方案的 F_3 成本却增加了。结果表明：最优定价方案随着Ⅰ类型用户比例的增加，一定程度上会增加Ⅲ类型用户的总成本。

表 7-9　不同用户在最优和 cp_0 价格方案下相应成本的差值

差值 \\ 场景	FC_1 和 FC_{10}^* 差值（RMB）	FT_2 和 FT_{20}^* 差值（RMB）	F_3 和 F_{30}^* 差值（RMB）
场景Ⅰ	−232.37	0	−190.66
场景Ⅱ	−231.17	0	−65.22
场景Ⅲ	−392.26	0	175.64

* FC_1 和 FC_{10} 分别是Ⅰ类型用户在最优和 cp_0 价格方案下充电成本；FT_2 和 FT_{20} 分别是Ⅱ类型用户在最优和 cp_0 价格方案下总出行时间成本；F_3 和 F_{30} 分别是Ⅲ类型用户在最优和 cp_0 价格方案下总成本。

3. 灵敏性分析

图 7-16 展示了 $TNVD$ 和 $TNVD_0$ 对 EV 个数的灵敏度。随着 EV 数量以一个固定的步骤从 10000 增加到 50000 辆，$TNVD$ 和 $TNVD_0$ 也在增长。同时，$TNVD$ 和 $TNVD_0$ 之间的差值也在不断增大。这是因为随着 EV 数量的增加，会有更多的 EV 对最优定价方案响应，即改变其选择的快充站。

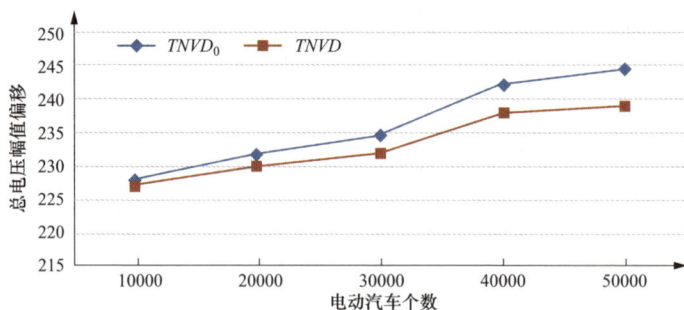

图 7-16　不同 EV 个数的 $TNVD$ 和 $TNVD_0$

7.5　本章小结

　　本章提出了面向配电网电压品质提升的 EV 快充站充电价格定价策略。该策略首先考虑到城市区域 EV 用户多次出行特点、存在慢充设施和交通路况复杂等因素，构建基于出行链的交通仿真模型以确定 EV 快充需求；然后在信息交互的框架基础上，构建双层定价优化模型，在不降低快充站的收入前提下，以配电网的总电压幅值偏移最小为目标，优化快充站充电价格；最后利用一个含有 11 个快充站的某城市交通网络，验证了该策略的有效性。

　　结果表明，由于充电价格方案会影响一些用户的充电行为，所以该策略利用充电价格，可充分挖掘不同类型 EV 用户的特点，引导用户参与配电网电压控制，从而改变快充负荷空间上的分布，进而改善电压分布。下一步将对如何增强 EV 用户参与电压控制的意愿展开研究。

第8章　车桩网协同互动示范工程

本章将介绍国内外的车桩网协同运行示范工程，主要分为国外和国内两个部分。首先，阐述国外车桩网互动的示范工程，结合世界各区域电动汽车发展水平，主要介绍欧洲和亚洲地区相关工程的总体情况。考虑到我国新能源汽车发展快速，研究成果丰富，因此，从网对车的有序充电、车对网的需求响应、车对网的辅助服务等方面，分析我国车桩网互动的示范应用现状。

8.1　国外车桩网协同互动示范应用

在推动新能源汽车与可再生能源融合发展的过程中，电动汽车与电网大规模互联互动，是实现融合发展的关键技术，车网互动（V2G）必将经历无序充电（V0G）、有序充电（V1G）、车网互动（V2G）和车网一体（VGI）四个阶段，全球主要国家已经围绕 V2G技术展开深入研究和探索。目前全球认证的 V2G 试点示范项目主要集中在美国、西欧、日本和中国等地，项目包括技术验证、示范推广、商业化运行等不同类型。

1. 欧洲地区

欧洲是全球电动汽车和车桩网互动技术发展的领先地区之一，也是全球范围内最活跃的车桩网互动市场之一，其中以英国、荷兰等发达国家的车桩网互动技术最为领先。

英国车桩网互动示范应用。英国政府非常重视车桩网互动技术的应用，尤其是 V2G 技术。早在 2018 年，英国政府宣布将拨款约3000 万英镑支持 21 个 V2G 项目，此项拨款旨在测试相关的技术研发成果，同时也为该技术寻找市场。Ofgem 于 2022 年年初发布的英国《电动汽车智能充电行动计划》中指出，到 2030 年，英国的电动汽车将达到 1000 万辆，而电动汽车对电力的需求将达到英国电力总量的很大一部分，因此，需要利用新技术确保能够在正确的时间、以正确的价格将正确的能源提供给正确的负载。根据报告所说，英国在 2022 年开始，新布置的充电站点将具备智能充电（V2G）功能。

Powerloop 是英国车桩网互动的关键示范项目之一。该项目由商业、能源和工业战略部（BEIS）、零排放车辆办公室（OZEV）、创新英国公司资助，并由 Octopus 能源和电动汽车公司集中管理该项目。该项目旨在通过对支持 V2G 技术的车辆和充电桩进行试验，在英国国内层面展示 V2G 的技术和商业的实际可行性。

2018 年，Octopus 公司开始通过付费在线广告、现场活动、报纸和杂志帖子、博客和社交媒体与他们的客户群进行互动。最初有超过 2500 名客户注册报名。并对 Powerloop 感兴趣，其中 135 人参与了试验。所有的客户都位于英国电力网络的覆盖范围内，包括了英格兰东南部的大部分地区和伦敦地区。其中，所有参加试验的客户都配置一辆 Nissan Leaf，此外试验人员还在客户的家里免费安装了一个 Wallbox 双向 V2G 充电桩。每个客户都会获得参与试验的经济奖励。如果客户能够在每个月的特定时间体验 12 次 V2G 服务，将获得 30 英镑的奖励。这项措施可以鼓励客户在特定时间进行有序充放电。如图 8-1 所示为 Powerloop 项目的总体框架。

目前，该项目已经于 2022 年完成了全部实验，并在公司网站上公布试验成果报告，该报告旨在根据客户的驾驶和充电行为及其对 V2G 服务的看法，为未来的 V2G 行业利益相关者提出意见和最佳实践建议。

英国还建成了世界上最大的电动公交车与电网互动项 Bus2Grid，目前，伦敦北部的诺森伯兰公交车库已经变成了一个"虚拟发电站"，在公交车不使用时对电网侧进行放电。

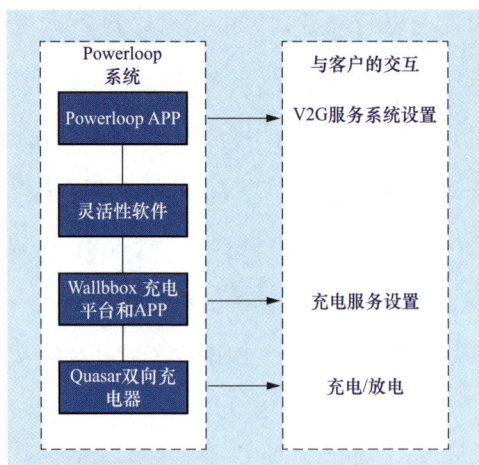

图 8-1 Powerloop 系统结构

Bus2Grid 由英国商业能源和工业战略部（BEIS）和低排放车辆办公室（OLEV）资助，同时英国创新署作为执行者。在 SSE 公司与比亚迪、英国电力网络和 Leeds 大学的合作下，诺森伯兰公园公交车库现在已经发展为欧洲最大的电动公交车设施，容纳了近 100 辆零排放的电动公交车。

最初，项目使用 28 辆最先进的双层电动公交车中的电池用于 V2G 试验，该系统将为电网提供 1.1MW 电能以提供电网辅助服务。这些电动公交车是由比亚迪 ADL Enviro400EV 改装而成，每辆电动公交车都配备了 382kWh 的比亚迪磷酸铁锂电池。同时，这些电动公交车都配备了 2 个 40kW 的车载充电桩进行交流充电，这也意味着这些电动公交车可以成为移动放电设施。因此，从技术角度来看，这对满足英国 Engineering Recommendation G99 标准（简称 G99 标准）要求是有一定意义的，在 G99 标准中，发电机必须有一个电压控制系统以便其控制电压，这是 Bus2Grid 项目的一个特别的挑战。这也将成为首个适用于如此大规模移动式能源发电类型的 G99 认证项目。在伦敦，一共有大约 9000 辆公交车，它们在 Bus2Grid 项目中逐步使用。从理论上讲，这些可以为超过 15 万个家庭提供足够的电能。

2. 荷兰车桩网互动示范应用

荷兰是一个致力于可持续发展和环境保护的国家，也是欧洲 V2G 技术的先驱者之一。

Powermatching city 示范项目位于荷兰的格罗宁根市（Groningen），是欧盟境内第一个有较多用户参与的智能配电网项目。参与用户发电侧配有光伏、微型热电联产系统，负荷侧配有电动汽车、热泵、储能等灵活性资源。该项目采用 TNO 开发用于支撑交互能源机制的 Powermatcher 套件，可实现系统内部分布式资源的功率平衡。该项目运行经验证明交互能源机制能够有效地促进分布式能源接入和利用的灵活性，但同时项目也提出了新型机制电力市场对于用户侧负荷灵活性的充分利用的必要性。为保证该新型市场机制的顺利运行，项目总结出如下需深入探讨的问题：①用户、能源供应者、供电公司等相关主体之间的利益分享问题；②集群服务商的存在和作用；③需求侧资源控制时所需的标准化接口等兼容性问题。

AirQon 示范项目位于荷兰的布雷达市（Breda），每年这个城市将举行 200 余次的大型户外活动，过去这些活动都是由柴油发电机进行供电的。AirQon 项目旨在使用基于电动汽车（EV）电池的能源供应系统替代柴油发电机，以满足户外节日和活动的离网能源需求。该解决方案采用一种名为 V2Box 的创新技术，可以控制从 EV 电池到该系统和从该系统到 EV 电池的双向能量流。此外，该项目通过社会创新的方式，建立并管理一支 EV 车主社区，该社区愿意为户外活动提供清洁电力。在线平台将对需求和供应进行匹配，并通过互惠激励计划实现双赢。项目的最终目标是确保约 35% 的活动使用 V2Box 技术，以满足其离网能源需求，从而每年在布雷达（Breda）避免烧掉近 80000L 柴油。该项目将提高公众对清洁能源来源的认识并促使人们更加积极地参与到环境保护中来，并探索如何将该技术及其商业模式应用于其他环境（如医院、公共建筑等的发电机）。

3. 欧洲其他国家车桩网互动示范应用

Parker 项目是一项丹麦的示范工程，旨在研究车辆与电网之间的集成（VGI）。该项目的主要目标是展示现代电动汽车可以参与先进的智能电网服务，包括 V2G 技术等。为了实现项目目标，该项目利用了许多现代电动汽车和 V2G 直流充电器，这些设备由其商业合作伙伴提供，用于在 PowerLabDK 实验平台上进行各种测试和演示。此外，该项目还与世界上第一个商业试点部门（the Frederiksberg Forsyning V2G hub）合作，让电动汽车提供频率控制所需的备用电力。该项目利用上述资源研究了三个关键主题：V2G 在电网侧的应用、V2G 实现的技术要求以及 V2G 的可扩展性和可复制性。

Solarcamp 项目位于法国的普罗旺斯，旨在演示如何利用 V2G 和智能充电来优化本地自用电网上可再生能源。这项实验在法国的艾克斯—普罗旺斯火车站部署，旨在优化其本地能源的消耗，同时也预防过去经常发生的停电。该项目由一家名为 Bovlabs 的公司开发，其解决方案是部署一个区块链平台，该平台连接到本地电网的所有分布式能源：V2G 电动汽车充电桩、太阳能电池板、地面蓄电池、车站电网和主电网。在这项实验中测试了 Bovlabs 平台的许多功能：能源流的产生和跟踪，使用智能充电算法和 V2G 进行能源优化，通过区块链和边缘计算技术进行安全交易，能源服务（例如需求响应）和代币生成。在未来，这些代币可用于对能源提供者进行奖励（例如电动汽车车主）。

汽车制造商（Nissan）、电力传输系统运营商（TenneT）和科技公司（The Mobility House）共同完成了一项重要的 V2G 项目，用于在德国保存重要的可再生能源。该项目是德国政府的一个示范性项目（SINTEG）的一部分，其中全电动尼桑 LEAF 的电池被用作存储装置，用于稳定电网在高峰期的需求。该项目展示了德国能源市场日益普遍的一个挑战的重要解决方案，即由于分散的可再生能源供应引起的运输瓶颈而造成的能源损失（2019 年达 46%）。为了防止这些能源损失，TenneT 必须限制德国北部的可再生能源，同时增加南部的来自常规发电厂的发电量，这在用电高峰期将产生高昂的费用。为了克服这一问题，使用了德国北部地区可用的风力发电来给该地区的电动汽车充电。同时，尼桑 LEAF 电池中的电力将反馈到电网中，不需要利用化石燃料发电。在能源共享期间，考虑了车辆用户的出行和充电需求。这增加了可再生能源的利用率，并减少了北部受限的风能，而不会产生高昂的成本或损失宝贵的能源。能源的智能分配方案由 The Mobility House 的软件 ChargePilot 控制，该软件与 TenneT 的规格相一致，具有智能充电和能源管理功能。TenneT 总经理 Tim Meyerjürgens 表示："该试点项目表明，我们将来可以使用电动汽车来灵活控制天气相关的可再生电力生产。这减轻了电网的压力，并帮助我们减少昂贵的风力发电的损耗。灵活的电动汽车可以成为电网的扩展负载和发电装置，并成为能源转型的重要组成部分。"这项技术和设备可用于显著改善能源部门的碳足迹。

8.1.1 亚洲地区

1. 日本车桩网互动的示范应用

日本的汽车制造业非常发达，在政府的大力支持下，日本的汽车制造商在电动汽车和 V2G 方面已经有了很多的技术积累。

2018 年 10 月 4 日，由日本东北电力株式会社、日产汽车株式会社、三井物产株式会社以及三菱株式会社进行合作，在日本仙台市进行了 V2G 试验项目，如图 8-2 所示，为日本东北电力 V2G 示范项目系统结构。该项目主要是验证电动汽车蓄电池作为电力供需平衡调整功能的可行性（调整频率以适应可再生能源的输出波动，缓和配电网的电压波动等），并且探讨构建面向今后电动汽车普及的新商业模式。

该 V2G 示范项目主要是通过电动汽车租赁的方式进行试验。在仙台皇家公园酒店地下停车场，各设两辆电动汽车及 V2G 充电桩。

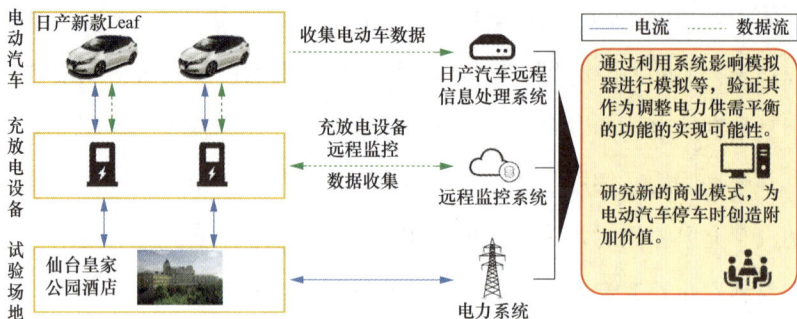

图 8-2　日本东北电力 V2G 示范项目系统结构

利用新开发的充放电远程监控系统，根据电动汽车与 V2G 充电桩的连接情况和蓄电池剩余电量等，对电动汽车蓄电池进行充放电。通过由此得到的实际数据（充放电量等）与太阳能和风力等实际发电量相结合进行模拟，验证电动汽车的蓄电池能否提供电力供需平衡的功能。其中，V2G 试验通过汽车共享服务获得的蓄电池使用状况和电动汽车的使用状况等数据将用于探讨开发新的商业模式和服务模式。然而，该项目中的 V2G 的电能并不是直接传输到主电网，而是将电能反馈到酒店所在的配网支路。

同年，丰田株式会社和日本中部电力株式会社在丰田市的丰田文化中心进行合作，启动了另一个 V2G 示范项目。该项目是日本首次直接将电动汽车蓄电池的电力直接传输到主电网。此外，这次的项目不仅仅包括 V2G，还要进行虚拟发电厂（VPP）的实验，电力公司或聚合器的命令将以秒为单位对电动汽车的蓄电池进行充电或放电控制。聚合器代表电力公司控制大量分布式电源进行充电和放电，把这些电源聚合在一起，并像一定规模的发电厂（VPP）一样运行。该示范项目的最终目的是为了验证虚拟发电厂（VPP）是否能作为新能源消纳的工具。

2. 韩国车桩网互动示范应用

随着韩国政府可再生能源 3020 实施计划、第 9 次电力供需基本计划、第 5 次能源基本计划等政策的推进，韩国政府计划在 2030 年在全国范围内实现普及 30 万台支持 V2G 技术的电动汽车。这些电动汽车将在韩国电力公司的调配下，成为至少 2GW 的灵活电力资源，这相当于 2 座核电站或 3 座 700MW 级的抽水蓄能发电站。

而根据技术方法和服务种类，韩国政府的 V2G 技术发展和项目主要分为三个阶段。在早期的第一阶段，像其他领先国家一样，使用 DC CHAdeMO 技术定义了 V2G 概念，并演示了 EV 电池的物理充放电。在第二阶段，具体的峰值削减 DR 服务和运营商被设想出来，并且采用国际标准 ISO/IEC15118 通信规范，在实验室水平上采用 PLC 方式实现了基于 AC 和 DC 的 V2G 技术。特别是韩国电力公司和现代汽车等开发了双向 OBC 充电 6.6kW、放电 3.3kW 的系统，并安装在装载了 28kWh 电池的 Ionic EV 上，测试了根据上位系统需求响应（DR）信号的充放电响应。目前在第三阶段中，正在开发能够将遍布全国的多辆 EV 集成为 Plus DR 需求资源，以 CCS TypeI 方式开发 V1G 和 V2G 实用技术。

3. 新加坡车桩网互动示范应用

新加坡作为亚洲最发达的国家之一，V2G 技术示范应用启动的较晚。2021 年 7 月新加坡能源供应商 SP 集团将试验四个充电站，这些充电站可以从电动汽车中抽回电池的电量，以平衡能源生产和消耗所产生的电压、频率波动。V2G 技术可以帮助新加坡提高电网的可靠性，并且为 2040 年在全国范围内大规模普及电动汽车提供应对方法。

虽然新加坡 V2G 示范应用较少，但是他们对 V2G 应用的研究非常详尽。Arno 等研究人员探讨了光伏和 V2G 的耦合在新加坡的潜力。使用新加坡的 55 个规划区域作为空间单位，开发优化模型以确定经济上最佳的光伏规模和充放电策略。David 等研究人员对新加坡 V2G 的经济可行性进行了评估，并建立了系统动态模型，具体分析了 V2G 的成本收益模型、电池模型以及优化模型，利用新加坡的数据进行了案例分析。Agarwal 等研究人员对新加坡 V2G 中电动汽车的总功率和容量进行了概率估计，模拟了电动汽车车队的随机移动性和插电概率。聚合器模型是使用办公室、娱乐场所的合同停车场和家中分散的电动汽车的基础设施实现的。使用行程链对移动性进行建模，并根据所进行的调查、就业模式和车辆统计数据对电动汽车驾驶模式进行了分析。

8.1.2　其他地区

1. 美国车桩网互动示范应用

以美国和加拿大为主的北美地区对车桩网融合关键技术研究较早，在国家政策的扶持下进行了一系列相关技术示范，其关键技术主要包括智能充电技术、电动汽车与电网互动的 V2G 技术、电池梯次利用储能技术、电动汽车利用分布式可再生能源技术。

JUMPSmartMaui 是美国在夏威夷毛伊岛上的日美岛进行的电网项目。JUMPSmartMaui 致力于展示世界上最新的岛式智能电网。该项目有三个目标：应对电动汽车数量的增长；稳定电力的供应；并最大限度地利用可再生能源，以构建智能电网系统。JUMPSmartMaui 项目中采用了六项创新计划。一是有效利用可再生能源。这是通过诸如根据可再生能源发电计划使用该系统限制 EV 充电时间等措施实现的。二是开发解决方案，找到稳定可再生能源电力输出的解决方案，减少输出波动。例如，为了应对突然停止的风力发电，该系统直接控制家庭中的家用电器和电动汽车，控制电力的使用，以最大程度地减少对人们日常生活的影响。三是开发设施和系统以应对电动汽车数量的增长。四是确保网络安全以确保系统安全。五是使用自主分散系统改善能源控制。六是通过开发信息和控制平台技术来支持社区和基础架构的发展。

电动汽车可以在开发高效的智能电网系统中发挥重要作用。电网产生的多余能量可用于为电动汽车中的电池充电，而存储在电动汽车电池中的电量可用于稳定可再生能源发电。通过这种方式，电动汽车成为能源基础设施的重要组成部分，而能源基础设施并不过分依赖化石燃料。基于这一想法，日立公司开发了一个能量控制中心来管理电动汽车充电。此外，日立公司根据对交通流量、主要目的地的位置以及用户的总体便利性进行了分析，建立了电动汽车快速充电站，并于2013年12月开始进行测试演示。将该系统与正在运行的风力发电系统连接后，在毛伊岛并入电网，该系统涉及多种类型的快速充电站和用户需求的响应技术。该项目还进行了对智能电网影响的分析和评估，对已配置系统经济性的评估，以及岛屿地区实现低碳社会的系统业务模型的建立和验证。

Clinton School Bus Demo 是美国进行的一项关于电动校车 V2G 的示范项目，参见图 8-3。该项目的目的是证明所有电动校车的总拥有成本等于或小于传统柴油校车的总拥有成本。该示范项目将通过降低燃料和维护成本来降低所有电动校车的运营成本，证明在不运输学生时通过将校车电池中存储的能量提供回公用电网来产生收益的潜力，以及探索减少空气中有害排放物的方法。

图 8-3　Clinton School Bus Demo 中的电动校车

在车辆方面，每个示范运行区域购买四辆支持车辆到电网（V2G）和车辆到建筑物（V2B）的电动校车（总共八辆校车）；在公用事业方面，该项目将安装双向充电技术和"智能电网"电子设备，以实现校车和电网之间能量的双向流动。该项目将演示电动校车提供的"辅助电网服务"并进行故障排除，包括评估潜在收入和签约方案。其中最重要的辅助服务是频率调节，主要是通过在短时间内向电网注入电力，目的是将交流电的振荡频率保持在每秒 60Hz。该项目还将探索在电网停电或其他灾难响应的情况下，将电动校车用作微电网或移动发电机的电源。在融资方面，项目合作伙伴将利用上述初始部署产生的财务和运营数据，向金融机构、学校和市财政部门论证，开发一种或多种公交融资模型（例如购电协议、税收抵免，能源服务合同等），使更多的车队购买电动校车。

该项目预期有如下成果展示：①从经济性和续驶里程等因素考虑，完成电动校车的正常运行。②通过 V2G 技术将公共汽车与电网整合，显示出技术可行性和创收能力。③将公共汽车与建筑物/校园电力系统整合，显示出技术可行性。④对比预计的公交车价格，分析校车 V2G 概念的经济可行性，节省燃料、维护费用和辅助服务收入。

2. 加拿大车桩网互动示范应用

魁北克水电研究院（IREQ）于 2012 年开始建设加拿大 V2G 示范工程。该项目将在 IREQ 组装配备魁北克设计技术的测试车，电动动力总成系统采用 TM4 最新一代的 TM4MΦTIVE 电池，该电池采用 IREQ 专利材料设计。B3CG Interconnect 与国家高级运输中心以及 Brioconcept 合作，对于动力电池和相关的控制系统进行开发，设计双向充电器为电池充电，并为电网供电。设计阶段完成后，由 IREQ 对两个使用场景进行实验验证，一是在发生电网中断时作为家庭备用电源，二是在高峰时段对电网进行供电。该项目的目标是在高峰时段使用插电式车辆电池中存储的电力作为电网的备用能源。另一方面，车到家（V2H）系统将允许插电式车辆车主在停电期间将存储在电池中的能量用作发电机的临时家用电源。该项目将利用开发的双向充电器在这两种使用场景下进行实验验证。

3. 澳大利亚车桩网互动示范应用

作为澳大利亚的首个 V2G 项目，电动汽车到电网服务（REVS）项目展示了商用电动汽车和充电桩如何根据需要将电力传输到电网中，从而为电网的稳定做出贡献。在极端情况下，电动汽车将向电网注入电力（以避免停电的可能性），电动汽车车主在他们的车辆用于这项服务时将获得报酬。作为 ACT 政府和 ActewAGL 车队的一部分，REVS 项目在整个 ACT 地区雇用了 51 辆日产 Leaf 电动汽车，旨在支持电网的可靠性和灵活性，提高经济效益，使电动汽车成为车队运营商更可行和更具吸引力的运输选择。REVS 联盟涵盖整个电力和运输供应链，包括 ActewAGL，Evoenergy，Nissan，SG Fleet，JET Charge，ACT 政府和澳大利亚国立大学。该联盟将共同制定路线图，其中包含加速 V2G 在全国范围内部署的方案。该项目已获得澳大利亚可再生能源署（ARENA）的认可，并已成为 ARENA 推进可再生能源计划的一部分。

8.2　国内车桩网协同互动示范应用

本小节从网对车的有序充电、车对网的需求响应、车对网的辅助服务等方面展开，分析我国车桩网互动的示范应用现状。

8.2.1　电动汽车有序充电项目

1. 北京大兴机场智能充电项目

北京大兴机场智能充电项目旨在促进新能源汽车发展，提高绿色交通出行比例。主要参与方包括中车青岛四方机车车辆有限公司、国网北京市电力公司、国网北京市电力科学研究院等。项目涵盖了全面的电源建设、电动汽车充电基础设施投资、车辆充电方式推广和社会服务等方面，包括 30 个智能化充电站，共计 200 多个充电桩，覆盖 T2、T3、T4、商务通航、VIP 等区域，为机场内的新能源汽车提供 24h 不间断的充电服务。

项目主要涉及以下两个方面：一是充电服务的实现；二是保证充电服务的运营管理效率。为实现智能充电，充电站采用车场互联技术配合云计算技术实现了预约/分配充电、充电时间段划分、车位使用管理、计费双重备份等智能功能；同时，充电站也配备智能传感器、车牌识别、电量预测、电量调度等实现全自动化管理和运营。车主可以通过手机上的 App 轻松预约充电，并在充电结束后得到 App 提醒，实现便捷的充电体验。此外，通过智能管理系统，充电站管理人员可以实时监控车辆充电进程、充电桩状态、耗电量、充电效率、故障信息等，对车辆进行智能调度以保持充电效率，保证充电流畅、高效、有序；同时也可对不规范充电行为进行惩罚。

为了提高充电服务的高效性和稳定性，该项目充分利用了云计算和物联网等技术的支持，构建了智能化调度系统和智能化配电系统。通过云端汇总和管理数据，充电站管理人员可以实现充电桩的快速调度和管理。智能化调度系统可以实现电量平衡调度、根据需求分配电量、智能化分时计费和远程控制充电等多种功能，从而充分保证了充电服务的高效性和稳定性。同时，物联网技术可以实时获取充电站和充电桩的状况，方便管理人员随时监控和调整设备运行状态，提高设备的运行效率和可靠性。这些创新技术的应用将有助于促进电动汽车市场的普及和发展，为推动可持续发展和绿色交通做出积极贡献。

该项目于 2018 年正式启动建设，2019 年全部建成并投入使用。目前，已经取得显著成效，提高了机场电动车充电的效率，缩短了充电时间，节省了用电成本，并为智慧机场等应用提供了有力的支撑。

2. 上海"超充云"项目

上海"超充云"项目是由上海市政府主导，得到上海市能源局、上海市经济和信息化委员会、上海市发展改革委员会等多个政府部门的支持，以及多个科技企业的积极参与。该项目于 2016 年启动，旨在实现城市快充网络的数字化升级，提高电动汽车的出行便利度和安全性，同时推动区域清洁能源发展。截至 2021 年，该项目已建成超过 700 个充电站，总充电桩数超过 3 万个，覆盖全面、服务高效、管理智能的充电网络已经形成。

实现电动汽车的有序充电，既要保证充电能耗效率，又要保证各车辆排队充电时的有序性。"超充云"项目采用超级云充电调度平台，成功实现了电动汽车的快速充电、有效管理和智能调度，以保证车主有序、方便、高效的充电体验，在优化用户体验的同时降低了企业运营成本。具体技术方案如下：首先，采用大数据和人工智能等技术，对充电站实时供需状态进行监控和分析，实现充电设备的智能调度和管理；其次，根据充电需求和充电站资源，制定充电计划和调度方案，优化充电设备安排，确保高效充电；然后通过充电 App，实现充电场站查询、位置导航、充电费用查询、预约充电等功能，提高用户体验；最后，通过智能充电管理系统，实现充电设备的维护、管理、统计和计费等功能，减少企业运营成本。

上海"超充云"项目的实施，对于推进城市电动汽车的应用和发展具有积极的意义。一方面，通过建设电动汽车充电网络，可提高城市电动汽车的使用率和可靠性；另一方面则有益于推动城市清洁能源的应用，从而推动城市可持续发展。同时，该项目通过实现城市充电服务的数字化升级，也为其他城市的充电服务建设提供了宝贵的经验和参考。

3. 广州南沙国际物流中心充电站示范项目

广州南沙国际物流中心充电站示范项目是位于广州南沙港区的一座集中式商业物流园区充电站，是粤港澳大湾区首个大型电动汽车充电站示范项目。该项目由南沙港航投控股有限公司、中诚思邦、顺丰速运等主要参与方共同投资，总投资金额达 2.4 亿元人民币。该项目的建设目的是为物流业提供高品质、高效率、可靠性的新能源物流车充电服务，并促进物流业的绿色发展。该充电站总规划 300 个充电桩，600 个充电口，建成后可为近 1000 辆电动物流车提供快速充电服务。

该项目采用充电桩智能控制技术和配电网优化技术，通过电力、信息、车辆等多种数据的互联共享，各个充电设备和客户端之间实现了无缝连接，实现电动汽车充电需求和用电的优化配合，提高充电效率和经济效益。具体技术方案如下：首先，通过充电桩智能控制技术和网络通信技术，实现充电设备和监控设备之间的信息交换和实时监控；其次，应用负载预测技术，实现充电需求的预测和优化，有效控制电网负荷波动，降低用电成本；通过配电网优化技术，实现电动汽车充电需求和用电供应的协调，保证电网安全运行；最后，利用智能充电管理平台，提供开放互联的接口和 App，实现充电预约、计费、远程控制等功能，提高用户体验。

除了提供高品质的充电服务外，该项目还为绿色物流和智慧物流提供了高效、智能、可持续的解决方案。通过电动物流车的使用，减少了物流车辆的污染排放量，同时也节约了物流企业的运营成本。该项目的建设为粤港澳大湾区提供了更全面的智慧交通服务，推动了电动汽车的发展和推广，对于推动物流业的可持续发展做出了积极的贡献。

广州南沙国际物流中心充电站示范项目是一个具有里程碑意义的示范项目，该项目的建设是推进绿色物流和电动汽车发展的重要一步。该项目不仅满足业界对于电动汽车的充电需求，也为其他物流相关行业提供了可持续发展的思路和方法，为推动物流业可持续发展做出了积极贡献。

4. 南京农业大学可再生能源与电力系统示范项目

南京农业大学可再生能源与电力系统示范项目是一个由南京农业

大学与江苏省能源研究院联合投资建设的智慧能源示范工程，是江苏省新能源和可再生能源发展的重要项目之一。项目定位为江苏省智慧能源领域内的重点项目，包括可再生能源应用、大数据技术应用、电动汽车等方面的内容。项目总占地面积约为 1.5 万 m^2，涉及的建筑物包括主楼、充电站、储能系统建筑物等多个建筑物。该项目主要分为车用电池测试实验室、充电站、锂离子储能系统和新能源微电网等几个部分。整个项目的设计围绕着可再生能源和电动汽车的高效利用，整合了太阳能光伏发电、微型风力发电、智能光伏跟踪系统等多种可再生能源技术。目前，该项目已经建设完毕，投入使用，并取得了非常显著的成效。

实现电动汽车有序充电的关键在于充电技术的智能化、规范化和便捷化。南京农业大学可再生能源与电力系统示范项目对充电进行了科学合理的规划和设计，通过大数据技术的应用，在充电站和电动汽车之间实现了智能化的通信和数据交换，从而实现了精准的充电调度。此外，该项目还实现了与现有电网的对接，实现电力资源的再生利用和优化，为车辆充电提供了更好的保障和效率。在充电设备互联方面，项目应用光伏组件、储能设备等可再生能源技术，将充电设备与产生能力进行匹配，并利用智能控制技术，实现电量、电费等的统计和管理；在充电站智能调度方面，项目应用负载预测技术和智能充电管理平台，实现充电需求的预测和优化，有效控制电网负荷波动，降低用电成本，并通过智能充电管理平台，为用户提供一站式的充电管理和服务，提高用户体验。

南京农业大学可再生能源与电力系统示范项目是一项具有前瞻性和创新性的智慧能源示范工程，为可再生能源和电动汽车的推广和应用提供了重要的支持和推动。该项目的实施效果突出，为区域内能源发展提供了有益的启示和实践经验，也为未来可再生能源的发展奠定了重要基础。

8.2.2 电动汽车参与需求响应项目

1. 南方电网"车储一体"项目

南方电网的"车储一体"项目是中国南方电网有限责任公司（简称"南方电网"）在 2017 年启动的一项重大技术创新项目，旨在利用电动汽车车载电池及其控制技术，建立电动汽车与电力系统之间的互联，促进新能源和新技术的应用。项目总投资达到 42.6 亿元，计划建设 300 个以上充电站、1 万个充电桩，其中仅广东省计划建设 100 个充电站、5000 个充电桩，预计电站覆盖率将达到 80％以上。

项目通过建设可调度储能站和电动汽车充电站等基础设施，引导电动汽车参与需求响应。南方电网在"车储一体"项目实施过程中，采取了多项措施实现了电动汽车与电力系统之间的深度融合和互动。其中，建设智能充电基础设施和引入高精确度的车载电池状态估计技术和智能控制技术，为电动汽车的使用提供了更加智能化和高效化的服务。通过车载储能实现跨区域的能量调峰和调度，为电力系统提供了更加灵活和可靠的后备能源支持。此外，项目还涉及移动式充放电设备、大功率充电配电系统、智能决策平台等核心技术方面。具体而言，该项目采用车—云—网—用的技术架构和车机通信技术，将电动汽车和电力系统进行深度融合，并通过智能决策平台实现了对电动汽车的调度和储能。通过这种方式，电动汽车可以灵活地参与电力系统的调峰与平衡。当电力系统需要能量时，电动汽车可以将储存在其车载电池中的能量交还给电力系统；当电力系统产生过剩的能量时，电动汽车可以参与储能，为电力系统提供备用能量。

值得一提的是，南方电网的"车储一体"项目所采用的车辆储能和调度技术，还涉及车载电池状态估计、数据采集和通信、安全控制等多个方面的技术细节。例如，通过车辆储能装置的精确监测和控制，可以确保储能设施的安全和可靠性，避免因控制不当而引起的事故和故障。同时，南方电网还采用了机器学习和人工智能等前沿技术，对储能站和充电站的运行数据进行分析和挖掘，为系统优化和性能提升提供支持。

南方电网的"车储一体"项目实际上实现了电动汽车和电力系统的深度融合和互动，能够极大提升电动汽车的使用价值和用户体验。具体的实施效果包括实现电动汽车的储能和调峰运行，提供更灵活、高效、智能、清洁的用电模式和解决方案，为电力系统提供更多可再生类型电源，实现电动汽车充电桩的智能化、高效化和优质化，促进新型智能充电技术和设备的研发和应用，推进电力系统的升级和可持续发展。通过创新性的技术和系统优化，南方电网已经在新能源汽车和电力系统的领域中走在了前列，为其他地区和企业提供了宝贵的经验和启示。

2. 国网江苏省电力有限公司"金陵电动汽车服务平台"

国网江苏省电力有限公司的"金陵电动汽车服务平台"是一个基于云计算和大数据技术的服务平台，旨在为电动汽车用户提供快捷、安全、可靠的充电服务，同时也为电力公司实现新能源汽车与电力系统的深度融合提供技术支持和保障。该项目的主要参与方包括国网江苏省电力有限公司和南京市政府，其中国网江苏省电力有限公司作为技术实施方，主要负责平台技术研发和服务运营；南京市政府则提供政策和资金支持，协助推动在市内建设充电站等基础设施。国网江苏省电力有限公司已在南京市区域内建设了超过 600 个公共充电桩，提供约 1800 个充电接口，形成了包括快充、慢充和交流、直流等多种充电模式的充电网络。此外，该平台还支持电动汽车用户进行线上预约和线下即时使用充电服务，并提供充电服务费用的计算和缴纳等功能。

该项目通过采用大数据技术、云计算技术、智能控制技术、车—网—云融合技术等多种技术手段，实现了电动汽车与电力系统的深度融合和互动，为电动汽车参与需求响应提供了技术支持和保障。首先，该平台通过大数据技术采集和处理电动汽车的行驶数据、充电历史和用户偏好等海量数据，对电动汽车的使用行为、充电需求以及电量状态进行了实时监测和分析，得到了电动汽车的准确数据，为参与需求响应奠定了技术基础。其次，平台通过云计算和智能控制技术，实现了电动汽车和电力系统的深度互联。平台采用车—网—云融合技术架构，实现了电动汽车、充电桩和电力系统之间的信息交互和数据共享。通过建立基于云平台和智能控制系统，实现对充电桩的远程监控和控制，并对充电桩的设备状态、电量和用户行为等进行实时分析和管理。这种方式可以提高充电桩的可靠性和安全性，避免因控制失误而导致的故障和事故。同时，通过与电力系统进行实时交互，电动汽车可以了解电力系统的负荷和供需状况，根据实际需求和充电计划，调整充电时段和充电量，将电量返还给电力系统。最后，该平台还支持电动汽车用户进行线上预约和线下即时使用充电服务，并提供充电服务费用的计算和缴纳等功能。用户可以通过平台提供的 API 接口，对电动汽车进行状态监测、数据交互和指令控制等操作，实现对电动汽车充电过程的精细化管理和优化。境内的智能充电桩启用标准化协议，也可利用平台提供的 API、SDK 进行接入。

国网江苏省电力有限公司的"金陵电动汽车服务平台"项目是一个具有重要意义的示范项目，为电动汽车与电力系统的深度融合提供了重要技术支持和保障。该平台有望在更广泛的区域和更多的应用场景中发挥重要作用，为实现可持续发展和实现"碳中和"目标做出更大的贡献。

3. 上海市虹桥枢纽城市能源互联网示范项目

虹桥枢纽城市能源互联网示范项目是由上海市与中国电力企业联合会合建的新能源示范项目，旨在实现城市能源互联网的构建和智能化管理。该项目主要参与方包括上海市政府、国网上海市电力公司和上海航空城开发建设有限公司等。项目规模较大，涉及面积约 $9km^2$，覆盖上海虹桥商务区、虹桥火车站、虹桥机场等重要节点，总装机容量达到 500MW，还包括 12000 辆电动汽车 1 万个充电桩，3000 台家庭光伏发电设备和大型工业储能系统等，是目前国内规模最大的城市能源互联网项目之一。

项目采用先进的互联网技术和大数据分析技术，建立了集数据采集、监管管理、能源交易于一体的城市能源互联网系统。该系统通过对各类能源设备的监测采集、数据传输、智能控制等方式，实现能源的协同运营和管理。同时，该系统还采用特有的用电预测和需求响应机制，能够精准预测用户用电需求和供能情况，并根据实际情况调整电源组合，以保证最优化能源管理效果。该项目中电动汽车参与需求响应包含以下环节：

（1）电动汽车充电需求响应：在项目中，通过监测电动汽车的充电数据，可以预测其充电需求，并通过智能运算模型进行合理调配。同时，在电力需求高峰时段，可以通过城市能源互联网系统实现电动汽车的充电需求下发，在保障充电质量的前提下实现充电需求的响应性。

（2）电动汽车电量回馈：电动汽车的电池储能可以在电力系统电量不足时，实现回馈电网补充用电量。通过城市能源互联网系统的协同操作，在电力系统发生突发事件时，可以及时开启电动汽车电量回馈机制，回馈到缺少电能的区域，稳定电力系统。

（3）电动汽车的动态管理：通过智能计算、大数据和物联网技术，实现电动汽车的动态管理。电动汽车的充电计划可以通过实时交互和数据信息互通，实现动态的在线管理。通过管理系统实现电动汽车与电力系统之间的互动，达到优化电力系统负载的目的。

由于该项目的建设可以有效打破维护高耗能发展模式的现状，使得城市能源得到协同有效利用，创造经济、社会和环境价值，同时该项目在推动新能源技术普及、行业升级质量、提高能源供应便捷度等方面具有较大社会意义和发展潜力。

4. 北京市智慧充电需求响应示范项目

北京市智慧充电需求响应示范项目是一项由北京市科技委员会牵头实施的重要科技项目，主要针对城市局部地区电力负荷过大、供电不足的情况，借助先进的技术手段，构建一个智能化、高效化的充电管理平台，实现智慧充电的精细化管理和电力系统的需求响应。该项目主要涉及北京市政府、国家电网、中国移动通信集团有限公司（简称"中国移动"）、中国中化集团有限公司（简称"中化集团"）、北京市燃气集团、北京市环境能源投资有限公司和国网北京市电力公司等多个机构。国网北京市电力公司起到了核心作用，负责充电站的建设和充电桩的运营管理，国家电网提供能源、电网等技术支持，中国移动和中化集团实现交通和新能源行业的跨界合作。项目共涉及北京市内 11 个城市环境产业园区和 8000 辆新能源汽车，其中包括电动汽车、插电混动汽车和燃料电池汽车等，并配备 1 万个智能充电桩，覆盖了北京市的大部分区域。

该项目采用了包括大数据、云计算、物联网、5G 等在内的多项新兴技术手段。其中，充电桩端采用 5G 通信技术，实现了充电信息的实时传输和数据共享。通过大数据和物联网技术，实现了充电设备的自动售电、自动识别、自动调度等智能化管理。同时，利用云计算技术，实现了充电桩的联网管理和远程调控，提高了充电桩的充电效率和稳定性。此外，该项目还建立了充电需求预测模型和用电量平衡模型，预测车辆的行驶和充电需求，实现了对充电需求和能源分配的可视化监测和精准分配，进一步提高了充电桩的调配能力和承载能力。

该项目的实施效果非常显著。一方面，通过实现充电需求的精细化管理和电力系统的需求响应，优化了城市能源供应，并极大地提高了电动汽车的利用率，提高了城市环保水平；另一方面，该项目还推动了电动汽车产业的快速发展，促进了科技创新与产业融合，为电动汽车产业的健康发展提供了重要保障。同时，该项目还推动了智慧城市建设，为城市智慧化，及其他相关产业的发展奠定了坚实基础。

8.2.3 电动汽车参与电网调峰和调频辅助服务项目

1. 西部电网调峰项目

山西省和内蒙古自治区西部地区是中国电力系统薄弱地区，存在着较大的供需矛盾。为解决这一问题，国家能源局于 2019 年启动了"西部电网调峰项目"，旨在通过电子设备、电动汽车等方式，参与电网调峰调频，提升电力系统的运行效率和稳定性。其中，电动汽车参与调峰调频是该项目的重要组成部分，通过电动汽车作为调峰调频资源，在电力需求低谷时段采用充电方式进行负荷替代，为电力系统提供调峰调频服务。具体来说，电动汽车参与山西省、内蒙古自治区西部电网调峰调频项目主要包含以下几个方面：

（1）充电设备的建设和改造：在该项目中，需要建设或改造充电站，以满足电动汽车的充电需求。同时，还需要增设具备双向功率控制和双向通信等功能的充电设备，为电动汽车提供参与调峰调频的支持。

（2）电动汽车的招募和注册：根据国家能源局制定的招募方案，招募适合参与调峰调频的电动汽车用户，通过注册名单加入调峰调频电源池，参与电力系统的调峰调频工作。

（3）智能控制系统的安装和调试：根据国家能源局制定的技术要求，投入建设智能控制系统，实现对电动汽车充电和放电操作的精密控制，并集中监控电网运行情况和负荷变化。

（4）调峰调频运营管理体系的建立：投入相应的管理和运营人员，建立健全的调峰调频人员培训机制、数据管理和风险管控机制，确保调峰调频运营的高效稳定。

电动汽车参与山西省、内蒙古自治区西部电网调峰调频项目的启动，标志着电动汽车的使用范围进一步扩大，并且为电网调峰调频提供了一条全新的解决方案。同时，该项目对于推广电动汽车的使用也具有积极的示范作用。

2. 上海市电动汽车为能源系统增值计划

上海市电动汽车为能源系统增值计划旨在将电动汽车作为可再生能源电网中的主要参与方，实现城市能源转型和碳中和的目标。该项目主要由上海市政府、上海市能源发展中心、国网上海市电力公司、上海电力电子装备有限公司和上海电力学院等单位共同推进。项目于2021年启动，计划在五年内，借助上海市已有的公共充电基础设施，推广电动汽车能源调度技术，建立电动汽车—能源互联网协同发展的机制，实现电动车池调峰和能量存储等强化功能。

该项目借助先进的计算机技术和人工智能，分析电动车池中车型、位置、行驶特点、储能容量等数据，优化配电网络和调整上下游能量需求，实现能量的保存和有效分配，增强电力系统的安全性和灵活性。引入电池交换技术可以更高效地将电动汽车的电池充电与输送到需要能量的地方，通过与可再生能源（如风力发电和太阳能电池板）配合使用，可以最大限度地利用清洁能源。

该项目以电动汽车为主导，通过提高利用率改善能源利用效率，创新能源调度方式，实现能源转型。该项目打破了传统的能源供应格局，是实现城市能源转型的重要工具，将推动上海市逐步实现碳中和目标，使可再生能源得到更为充分的利用和推广，成为上海城市智慧交通和能源管理体系的典型代表。

3. 湖南省娄底市电动汽车调峰调频示范工程

湖南省娄底市电动汽车调峰调频示范工程是一个以电动汽车为调峰调频资源、实现电力系统调峰调频功能的示范工程。该项目由中国电力科学研究院、国网娄底供电公司和娄底市政府联合发起，旨在通过调整电动汽车充电和放电行为，提高电力系统的调峰调频能力和负荷控制能力，进一步推广和应用新能源汽车和智能电力系统技术，为推动建设资源节约型和环境友好型社会做出贡献。具体来说，该项目主要包括以下几个方面：

（1）智能化充电设施建设：通过建设智能化充电桩，实现对电动汽车的精细化控制和管理。该充电设施支持多种充电模式，包括恒定电流充电、恒定电压充电、交流充电、直流充电等，以满足各种场景下的充电需求。同时，该设施具备双向通信、远程控制、电能计量等功能，实现对电动汽车充电行为的实时监控和控制。

（2）科学优化的调峰调频策略：该项目采用以电动汽车为储能设备，以智能算法和大数据技术为核心的电力负荷调峰调频策略，通过实时监测和预测电力负荷变化，实现对电动汽车充放电行为的精细化控制。同时，该系统还支持远程控制和故障诊断等功能，保证了调峰调频的可靠性和高效性。

（3）构建完善的调峰调频服务平台：基于云计算、物联网等先进技术，该项目建设了完善的调峰调频服务平台，实现对电动汽车充放电数据的实时收集、处理和存储。通过数据分析和挖掘，为电力负荷预测、调度和优化提供科学依据和支持。

（4）有效的参与模式：为吸引更多的用户参与，该项目建立了完整的参与模式，包括政府引导和采纳用户意见的合作模式、优惠政策、用户反馈机制等。同时，该项目还建设了一套完善的用户服务体系，包括智能导航、在线支付、电量查询等功能，提升了用户使用体验。

目前，该项目已取得了一系列丰硕成果。项目启动以来，娄底市的电动汽车保有量稳步增加，远远超过了同期的目标。电动汽车在娄底市负荷控制的能力也得到了大幅提升，实现了可持续发展和能源环保的目标，对全国和全球的电动汽车发展和电力调峰调频技术推广发挥了重要的示范作用。

4. 成都市青白江区电动汽车调峰调频项目

成都市青白江区电动汽车调峰调频项目是由青白江区政府牵头，国网四川省电力公司、西安交通大学和比亚迪汽车共同合作的项目，旨在探索电动汽车作为储能设备参与电力系统调峰调频的可行性和有效性。项目的总投资约为 1.2 亿元人民币，启动时间为 2018 年。该项目主要包括以下几个方面：

（1）建设智能化充电设施：项目方在青白江区重点区域内建设了一批智能化充电桩，并通过调整充电桩的电压、电流等参数，实现对电动汽车充电行为的精细化调控。同时，充电桩还具有双向通信、远程控制、电能计量等功能，方便电网运营部门实时监控电动汽车的充电情况。

（2）研发基于人工智能的负荷预测和智能调峰调频算法：通过探索电动汽车视为储能设备参与电力系统调峰调频的机制和方法，研发了基于人工智能、大数据分析等先进技术的负荷预测和智能调峰调频算法。该算法能够根据电网负荷变化情况实时调整电动汽车的充电和放电策略，提高电网运行的安全性和稳定性。

（3）建设电动汽车调峰调频服务平台：该项目建设了一套完整的电动汽车调峰调频服务平台，实现了对电动汽车充放电数据的实时收集、分析和存储。通过电动汽车调峰调频服务平台，电网运营部门能够实时了解电动汽车的充电和放电情况，并根据需要进行调节和控制。

（4）优化电动汽车调峰调频的参与模式：该项目采用了灵活、多样的参与模式，通过政府引导和优惠政策等手段鼓励民众使用电动汽车，并将电动汽车引入到电力负荷调峰调频的系统中。同时，项目方还与比亚迪等汽车厂商合作，推出电动汽车租赁等服务，进一步扩大用户群体。

通过不断推进和完善，青白江区电动汽车调峰调频项目已经取得了显著成效。据项目方统计，电动汽车参与电力系统负荷调峰调频后，电网负荷峰谷差值和波动幅度显著减小，电力系统的稳定性和安全性得到了有效提升。该项目的成功实践为其他地区推广电动汽车参与电力负荷调峰调频提供了宝贵的经验。

8.3 本章小结

本章主要介绍了国内外的车桩网协同运行示范工程。

首先，根据对包括欧洲、亚洲、美洲和澳洲等技术发达国家的典型车桩网协同运行示范工程的调研，发现目前全球的示范工程虽然还未实现大范围普及，但是在技术上普遍进入车网互动（V2G）和车网一体（VGI）这两个阶段。同时在商业运行模式、调峰调频以及经济效益提升等方面，现有的车桩网协同运行示范工程均达到了预期效果，为技术的大范围普及做好了充分准备。

接着，从电动汽车有序充电、参与需求响应和参与电网调峰和调频辅助服务三个方面对国内车桩网互动的示范应用进行调研。目前，国内车桩网正处于高速发展阶段，政府部门采取措施加大对新能源汽车及其相关行业的支持力度，许多企业陆续加入这个市场，建设和运营充电站网络，同时不断创新技术，推出更加智能化的充电桩，以提升用户体验和便利性。虽然目前充电设施覆盖率和使用效率还存在一定的问题，但是这个市场的发展前景依然非常广阔，各方力量也在不断努力，以推动整个行业的完善。